KB102517

어서 오세요,
이야기 수학 클럽에

어서 오세요, 이야기 수학 클럽에

숨겨진 수학 세포가 톡톡 깨어나는 특별한 수학 시간

김민형 지음

INFLUENTIAL
인 플 루 엔 셜

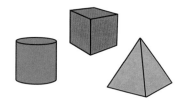

2021년 어느 더운 여름날, 인플루엔셜 출판사에서 10대들을 위한 수학책을 만들자고 제안해 왔습니다. 저는 학생들과 수학 이야기를 나누는 것을 너무나 즐기기 때문에 당연히 반갑게 받아들였습니다.

그날부터 일주일에 한 번씩 세 친구가 동대문에 있는 고등과학원의 제 연구실로 놀러 왔습니다. 초등학교에 다니고 있던 아인 학생과 주안 학생 그리고 이 책을 준비하던 보람 편집자까지 네 명이서 매번 두세 시간씩 수학에 관한 즐거운 대화를 나누었습니다. 빨대의 구멍은 1개인지 2개인지, 아무도 풀지 못할 우리만의 암호를 만들 수 있을지, 피타고라스는 대체 왜 그렇게 유명한지……. 우리는 흥미롭지만 결코 만만찮은 이 수학 모임에 '동대문 수학 클럽'이라는 이름을 붙였고, 머리를 맞대어 수학의 난관을 헤쳐 나갔습니다. 그렇게 '동대문 수학 클럽'이 함께한 즐거운 수학 시간을 이 책에 담았습니다.

수학은 때론 엄밀한 논리를 요구하고 어려운 계산으로 딱딱한 얼굴을 합니다. 다른 한편으로는 창의적인 얼굴, 직관적인 얼굴, 게임 같은 얼굴 등 다양한 얼굴을 가지고 있는데, 이 모든 면이 아우러져 공부나 연구 과정에서 그대로 나타납니다. 그렇기 때문에 여러분과 부담 없이 나눌 만한 수학의 주제가 무한히 많습니다. 제 욕심대로라면 실제로 무한히 이야기했을 것입니다.

그러나 '동대문 수학 클럽' 멤버들은 저보다 훨씬 바쁜 사람들이었어요. 제가 가장 재미있는 대목에 도달할 때면 어느새 헤어져야 할 시간이었기에 늘 아쉬움이 남았습니다. 그래서 저는 '다음에 만나면 이런저런 이야기를 더 해야지' 생각하며 그다음 수업 시간을 벼르고 기다렸습니다. 돌아보면 저만 재미있고 학생들은 심드렁했을지도 모른다는 뒤늦은 걱정이 드는군요. 그래도 우리 멤버들이 저마다의 방법으로 그 시간을 즐겼다고 믿습니다.

안타깝게도 이야기의 즐거움을 글로 온전히 전하기는 참 어렵습니다. 고대 아테네의 철학자 소크라테스는 글을 별로 좋아하지 않앉었어요. 사람의 생각이 책에 일단 쓰이면, 다른 생각들과 부딪히며 변화하고 발전하는 과정을 잃는다고 믿었기 때문입니다. 그는 살아 있는 대화가 배움의 지름길이고 책이 아닌 영혼 속에 새겨진 글만이 진정한 지혜라고 생각했습니다.

그러면 여러분은 이 책도 읽지 말아야 할까요? 물론 그렇진 않아요. 책은 배움의 출발이지 끝이 아닙니다. 사물과 세상에 대한 이해는 끝없는 탐구와 대화 그리고 오류를 바로잡는 노력의 과정에서 점점 다져 가는 것이니까요. 그래서 이 책을 준비하면서도 그런 원리를 염두에 두었습니다. 이 책을 쓴 목적은 백과사전 같은 정확한 지식을 전하기보다는, 여러분이 수학의 각종 중요한 주제들을 잠시 음미하다가 참을 수 없는 흥미가 생겨 버려서 그것에 파고들고 싶게끔 유혹하는 것이었습니다.

학교를 마치면 숙제도 하고 운동도 하고 방과 후 활동으로 가득 찬 하루하루를 살아가는, 바빠도 너무 바쁜 여러분을 과연 유혹할 수 있을까요? 더 중요한 질문은 그다음일지도 모르겠습니다. 그렇게 수학의 나라에 들어온 여러분은 과연 그곳에서 무엇을 발견할까요? 세상이 신비로 가득하다는 말은 책에서 많이 읽었을 거예요. 그런데 수학적 시각이 세상의 신비를 더욱 깊고 풍부하게 만들어 준다는 사실은 그다지 많이 알려지지 않은 것 같습니다.

이 책이 여러분을 유혹하는 데 성공할까요? 흠, 한번 읽어 보고 알려주세요. 재미있다든지 어렵다든지, 어떤 부분은 이해가 되지 않는다든지. 제가 보기에는 이 책의 내용 중 세 번째 수업부터 여러분이 조금씩 어렵게 느낄 것 같습니다. 수학을 공부하는 학생들에게 언제나 들려주는 조언을 여기서도 한 번 더 할게요.

1. 생각하기 귀찮은 부분은 일단 넘어갔다가 나중에 여유가 생겼을 때 돌아가서 보세요.
2. 이 책에서 추천하는 인터넷 계산기를 마음껏 사용하세요.
3. 별로 재미없는 내용이 있다면 그냥 무시하세요.

수학을 잘하려면 실수를 많이 해 봐야 하듯이, 좋은 책을 쓰는 일에도 많은 연습이 필요합니다. 그러니 여러분이 이 책을 읽고 수학의 즐거움을 조금이라도 느낀다면, 앞으로 제가 더 좋은 책을 쓸 수 있도록 이야기를 많이 들려주세요.

2022년 8월
스코틀랜드 에든버러와 잉글랜드 런던 사이의 기차 안에서
김민형

차례

첫 번째 수업
생김새가 달라도 친구가 될 수 있어
_위상수학과 오일러 수

두 번째 수업
수의 마음을 읽을 수 있다면
_피타고라스 정리와 신발 끈 공식

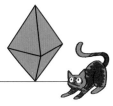

세 번째 수업
내가 아직도 숫자로만 보이니?
_피타고라스 세 쌍과 페르마의 마지막 정리

Part1

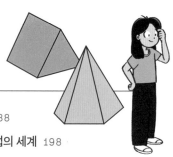

네 번째 수업
도전! 최강의 암호 만들기
_공개 키 암호와 나머지 연산

다섯 번째 수업
풀어라! 암호 해독 대작전
_페르마의 작은 정리, 오일러 정리, 나머지 연산2

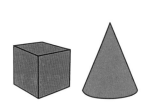

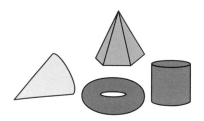

여러분, 수학 좋아하세요?

저희 '동대문 수학 클럽' 멤버들은

나이도, 좋아하는 것도, 하는 일도 전부 다르지만

'수학'이 묶어 준 인연으로 만났어요.

수학이 너무 재미있다는 김민형 교수님은

더 많은 학생이 수학을 사랑했으면 하는 마음을 담아

우리 수업을 준비하셨대요.

아인이는 그림 그리기를 좋아해요.

쉬는 시간이면 고양이 사진을 찾아보는 랜선 집사죠.

최애 과목은 영어이고 솔직히 수학은 그다지 좋아하지 않아요.

주안이는 과학을 좋아해요.

수학 계산에는 자신이 있는데 아직 수학의 재미는 잘 모르겠대요.

지금은 의사가 되고 싶지만 하고 싶은 게 많아서

언젠가 꿈이 바뀔지도 모르겠어요.

보람이는 책을 만드는 일을 하고 있어요.

수학을 좋아했지만 잘 못하니까 수학이 싫어졌던 경험이 있죠.

수학에 대한 평생의 짝사랑을 끝내고자 이 클럽에 들어왔대요.

서로 너무나 다른 넷이 만나서 무슨 일이 있었을까요?

'동대문 수학 클럽'이 함께한 다섯 번의 수업 이야기를

지금부터 들려드릴게요.

진짜 수학을 만날 준비가 되었다면

'똑, 똑, 똑' 문을 세 번 두드려 주세요.

자, 이제 문이 열립니다.

어서 오세요, 동대문 수학 클럽에!

김민형 교수   아인   주안   보람

동대문 수학 클럽 부원 대모집

수학을 포기할까 말까 갈팡질팡 고민인 사람

대체 왜 수학을 공부해야 하는지 갑갑한 사람

공식은 외웠는데 문제만 풀면 다 틀려서 속상한 사람

수학 문제가 무슨 말을 하는지 도통 이해가 안 되는 사람

그냥 수학이 싫은 사람

지금 수학을 얼마나 잘하든 좋아하든 상관없습니다.

수학과 좀 더 친해지고 싶다는 마음만 있으면

누구든지 가입할 수 있답니다.

암기와 문제가 없는 수학의 세계를

자유롭게 탐험해 보지 않겠어요?

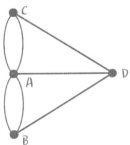

첫 번째 수업

생김새가 달라도 친구가 될 수 있어

위상수학과 오일러 수

수학난제연구센터

매미 울음소리가 창문을 뚫을 듯이 떠들썩한 한여름, 언덕을 오르고 또 오르니 다홍색 벽돌로 둘러싸인 8관 건물의 모습이 드디어 보인다. 이름 모를 연구실을 수없이 지나치고 나서야 겨우 도착한 323호 연구실. 잠시 숨을 고르며 연구실 문 옆의 팻말에 시선을 멈추자 더위로 뜨겁게 달궈진 이마로 서늘한 땀 한 방울이 주르륵 흘러내린다. '수학난제연구센터? 아, 역시 오는 게 아니었…….' 채 후회를 끝맺기도 전에 연구실 문이 열리더니 그렇게 별안간 우리의 첫 번째 수업이 시작되었다.

민형

반가워요, 여러분! 저는 영국에서 학생들에게 수학을 가르치며 연구하고 있는 교수 김민형입니다. 어서 오세요. 이렇게 만나니 참 좋네요! 다들 평소에 수학 좋아하나요?

안녕하세요! 저는 여러분과 함께 이 수업을 들으며 책을 만들 편집자예요. 제가 여기서 수학을 가장 못할 것 같네요. 하하하. 이쪽은 아인 학생, 주안 학생입니다.

보람

아인

안녕하세요, 교수님. 저는 수학을 싫어하지는 않는데 영어를 더 좋아해요.

안녕하세요! 저도 수학을 싫어하지는 않지만 과학이 가장 재미있어요!

주안

민형

두 친구 다 그 정도면 수학을 아주 좋아하는 편인 것 같은데요? 좋아요. 이제 수업을 시작해 볼까요?

Part 1

빨대의 구멍은
몇 개일까요?

조금 엉뚱한 이야기로 첫 수업을 시작해 볼까 해요. 몇 년 전, 어떤 문제를 두고 사람들이 서로 자기가 옳다며 싸우기까지 했어요. 혹시 이 질문을 들어 봤나요? **빨대의 구멍은 몇 개일까요?**

자, 여기 빨대 하나가 있어요. 그림을 보니 이 빨대의 구멍은 1개인 것 같기도 하고, 2개인 것 같기도 해요. 여러분은 어떻게 생각하나요?

"당연히 1개요!"

"2개인 것 같아요. 구멍은 2개고, 관이 1개 아닐까요?"

저는 이 주제가 다음 질문이랑 비슷하다고 생각해요. 이 탁자를 한번 보세요.

이 탁자는 큰가요, 작은가요? 아마 보는 사람에 따라 답이 다를 거예요. 크다고 볼 수도, 작다고 볼 수도 있어요. 평소에 보는 탁자에 비해서는 큰 편인 것 같기도 하고, 제가 쓰는 탁자에 비하면 작은 편인 것 같기도 해요. 탁자가 크다 작다 분명하게 의견을 말하기가 쉽지 않죠?

다시 빨대 이야기로 돌아가서 이번에는 빨대를 부풀려 볼게요. 다음의 그림처럼 빨대를 양옆으로 계속 잡아당기다 보면 결국 공

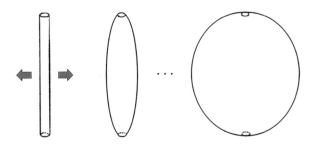

모양으로 부풀어 오릅니다. 자, 이제 구멍이 몇 개인 것 같나요?

"음…… 2개처럼 보여요."

여기서 우리는 출발점에 따라서 답이 달라진다는 사실을 알 수 있어요. 출발점이 무슨 뜻이냐 하면, 가령 처음에 진짜로 둥그런 공이 있었는데 여기에 구멍을 냈다고 생각해 보세요. 구멍이 몇 개일까요? 2개일 거예요. 이 관점에서 보면 빨대 구멍도 2개인 것 같죠?

이번에는 다시 원래의 빨대 모양으로 돌아가서 아랫구멍은 내버

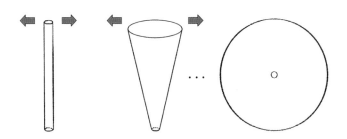

려 두고 윗구멍만 양옆으로 잡아 당깁니다. 계속 늘이다 보면 그림처럼 엽전 모양이 되죠. 이제 구멍이 몇 개인 것 같나요?

"이제는 1개요!"

아까는 구멍이 2개인 것 같더니 이렇게 보니까 구멍이 1개 같네요. 빨대는 양극단(공 모양과 엽전 모양)의 중간 정도에 있어서 헷갈리기 쉬워요. 이쪽으로도 해석할 수 있고 저쪽으로도 해석할 수 있으니까 답을 내리기가 어렵죠. 이럴 때는 출발점을 거꾸로 생각해 보면 좋습니다.

이번에는 엽전 모양에서부터 시작해 볼게요. 엽전 모양에서 바깥쪽 구멍을 끌어모으면 깔때기 모양을 거쳐 빨대 모양으로 변합니다(엽전 모양→깔때기 모양→빨대 모양). 빨대 모양에서 가운데 부분을 계속해서 잡아당기면 결국 공 모양이 되죠(빨대 모양→공 모양). 엽전 모양→깔때기 모양→빨대 모양→공 모양으로 연속적으로 오면서 **언제 구멍이 1개에서 2개로 변했을까요?**

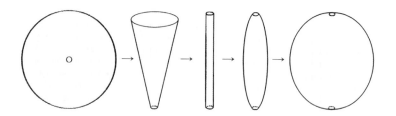

"중간에 빨대 모양이 되었을 때요."

"마지막에 공 모양이 되었을 때요."

이 질문은 조금 전 탁자 크기 문제와 비슷합니다. 기준이 무엇인지에 따라서 답이 달라지기 때문에 딱 잘라 답하기가 힘들죠. 여기에서 언제 구멍이 1개에서 2개가 되느냐 답을 정하는 일은 무의미할 수도 있어요. 다만 우리가 이야기할 수 있는 것은 이 정도겠죠. **물건의 모양이 천천히 변화할 때 구멍의 개수는 고정된 것이 아니다.** 이렇게 봤을 때 우리는 '구멍의 개수'가 잘 정의된 '개념'이 아니라는 사실을 알 수 있어요. 만약 구멍의 개수를 명확히 정할 수 있다면, 언제 구멍이 1개에서 2개로 변하는지 말할 수 있어야 하는데 여전히 서로 다른 답이 나오니까요.

물론 분명히 말할 수 있는 특성들도 있습니다. 물건을 약간씩 움직여서 천천히 변형시킬 때도 보존되는 특성들이 있는데, 이 특성들을 종합해서 '물건의 **위상**'이라고 부릅니다. 물론 위상은 쉬운 개념은 아니지만, 앞으로의 이야기들을 따라가다 보면 '아하!' 하고 이해하는 순간이 찾아올 거예요.

위상수학은 언제 시작되었을까요?

과학의 이론들은 어떻게 탄생할까요? 아주 오래전부터 계속된 현상을 관찰하고 생각을 정리하면서 체계화하다 보면, 어느 순간 이론이 되어 있다는 것을 발견하곤 합니다. 수학의 경우도 마찬가지입니다. 다양한 현상이나 이상한 모양에 대한 궁금증이 수학 이론을 탄생시켰거든요.

18세기 독일에서는 '쾨니히스베르크의 다리 건너기' 수수께끼가 유행했습니다. 쾨니히스베르크라는 도시에는 하천을 가로지르는 7개의 다리가 있었는데요. '7개의 다리를 딱 한 번씩만 건너면서 도시 전체를 산책할 수 있을까?' 하는 문제였죠.

많은 사람이 이 수수께끼를 해결하기 위해 고민했는데, 수학자 레온하르트 오일러 (Leonhard Euler)는 그것이 불가능하다는 사실을 수학적으로 증명하여 화제가 되었습니다. 이 증명이 세상에 공개되자 사람들은 충격에 빠졌어요. 어떻게 하면 가능할까를 생각한 것이 아니라, 절대 가능하지 않다는 것을 증명했기 때문이죠.

7개의 다리 건너기 문제는 다음 그림과 같이 '한붓그리기 놀이'로 바꾸어 생각할 수 있어요. 이 문제에서는 다리의 길이나 각 지점 사이의 거리가 중요하지 않습니다. 오히려 다리와 섬의 공간 배열과 같은 '추상적인 구조'가 중요합니다. 그러니 그림의 세세한 모양은 신경 쓰지 않아도 좋아요.

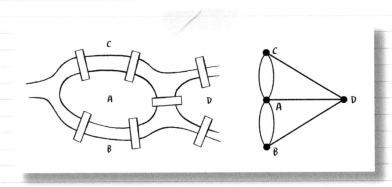

오일러는 큰 구조를 보는 아이디어에서 증명을 생각해 냈을 것 같습니다. 큰 구조의 중 요성을 직관적으로 느낄 수 있는 또 다른 사례로는 '뫼비우스의 띠'가 있습니다. 띠의 일부분은 일반적인 띠의 모양과 비슷해 보이지만, 전체적인 구조를 살펴보면 미묘한 차이가 있어요.

오일러의 이 증명 과정에서 위상수학의 아이디어가 탄생했다는 이야기가 있습니다. 여기에서 오일러의 증명에 대해 더 자세히 설명하지는 않겠습니다. 우리는 지금 위 상수학을 직관적으로 이해하는 과정에 있으니까요. 오일러의 이런 연구는 '오일러 수' 개념으로도 연결이 되는데, 저 역시 오일러 수의 정의를 위상수학의 시작이라고 생각한답니다.

모양은 다르지만 우리는 친구

　이제 위상수학에 대한 감각을 조금씩 키워 볼까요? 엽전 모양에서 공 모양이 될 때 **위상은 변하지 않았다**고 표현할 수 있어요. 평평했다가 부풀어진 부분처럼 크기와 모양 등은 변했지만, 여전히 서로 어딘가 비슷한 면이 있잖아요? 이럴 때 '모양의 위상은 변하지 않았다'고 말해요.

　모양의 위상이란 무엇일까요? 정확하게 이야기하려면 굉장히 많은 설명이 필요하기 때문에 여기서 다 다룰 수는 없겠지만, 이 말과 좀 더 친해질 수는 있을 거예요.

　여기 오목한 사발이 하나 있습니다. 사발의 양옆을 잡고 쫙 늘였더니 납작한 쟁반 모양이 되었네요. 그러면 이 둘은 **위상이 같아요.**

위상이 같을 때는 이렇게 물결표(~)로 표시합니다.

이번에는 사각형이 있습니다. 면이 다 채워진 사각형이에요. 삼각형과 오각형도 있어요. 이것들의 위상은 모두 같아요. 그럼 어떻게 표시할 수 있을까요? 다음 그림의 네모 칸에 위상이 같다는 기호를 그려 넣어 보세요.

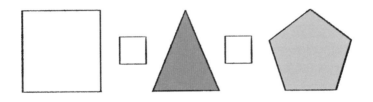

위상이 같다는 말의 의미를 여러분에게 정확히 설명하지는 않았지만, 먼저 활용하는 방법을 연습하고 있습니다. 우리가 어린 시절 어떤 말을 처음 배울 때는 먼저 용법을 익혔었죠? 무슨 뜻인지 잘 모르는 채로 말의 활용법을 먼저 익히잖아요. 그것처럼 지금 '위상'이란 말을 활용하는 방법을 배우는 거예요.

지금까지 살펴봤듯이 사발 모양과 쟁반 모양의 위상이 같고, 사각형·삼각형·오각형의 위상이 같습니다. 그럼 쟁반 모양과 오각형의 위상은 같을까요, 다를까요?

"다르지 않을까요?"

"다를 것 같아요."

사실은 이 둘도 위상이 같아요. 쟁반의 가장자리가 천천히 오각형 모양으로 바뀌어 가는 것을 상상할 수 있으니까요. 그럼 위상이 다른 건 어떤 경우일까요? 가령 쟁반의 가운데에 구멍을 뚫으면 위상이 달라집니다. 이때는 **위상이 같지 않다는 뜻으로 물결표 가운데에 사선으로 줄을 그어요(≁)**. 이제 조금 더 이해가 가나요?

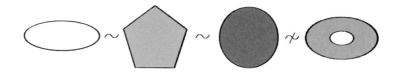

새로운 질문을 던져 볼게요.

정육면체가 하나 있습니다. 네모난 상자를 생각하면 될 거예요. 그리고 그 옆에는 정사면체가 있어요. 이 둘은 위상이 같을까요, 다를까요? 참, 이 모양들은 속이 다 비어 있답니다.

"같지 않을까요?"

이 둘도 위상이 같아요. 그렇다면 공 같은 모양의 구와 비교하면 어떨까요? 여기서는 구의 표면만 놓고 이야기해 볼게요.

"같아요!"

네, 구도 위상이 같아요. 이번에는 수영장에서 사용하는 튜브를 그려 보겠습니다. 정육면체와 정사면체 그리고 구는 튜브와 위상이 같을까요, 다를까요?

"음…… 다를 것 같아요."

"저도요. 왜냐하면 아까 쟁반에 구멍을 뚫으면 위상이 달라진다고 교수님께서 말씀하셨으니까요."

맞아요. 튜브는 다른 모양들과 위상이 달라요.

다음 그림의 네모 칸에 위상 관계를 표시해 보세요.

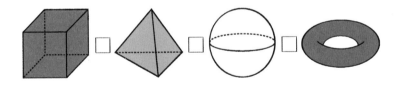

'위상이 같다'라는 말이 무슨 뜻인지 이제 조금 알 것 같나요? 정확한 정의를 배우지는 않았지만, 어떻게 생각하면 되는지를 이렇게

직관적으로 알면 돼요.

그림 속 물건들이 전부 부드러운 고무로 만들어져서 마음껏 잡아당기거나 작게 만들 수 있다고 생각해 봅시다. 예를 들어 정사면체나 정육면체에 천천히 바람을 불어 넣는다고 해 봐요. 그러면 둘다 점차 구 모양으로 변하겠죠? 이처럼 계속 모양을 바꿀 수 있지만 찢거나 붙이는 건 안 돼요. 하나에서 다른 하나로 연속적으로 모양을 바꿀 수 있으면 둘의 위상이 같다고 말합니다. 불가능하다면 위상이 서로 다른 거예요. '위상이 같다'라는 말을 이런 식으로 거의 정확히 설명할 수 있어요. 이렇게 모양의 성질을 수학적으로 탐구하는 분야를 **위상수학**이라고 합니다.

티셔츠의
가장자리를 찾아라

　빨대의 구멍 개수 문제에 대해서 답이 아닌 답(?)을 드릴게요. 먼저 이 '답'에 대한 이야기에서 필요한 개념을 하나 소개합니다.

　삼각형·쟁반 모양은 정사면체·튜브 모양과 크게 다른 성질이 있습니다. 이를 수학적 언어로 표현하면 **경계선**이 있다'라고 합니다.

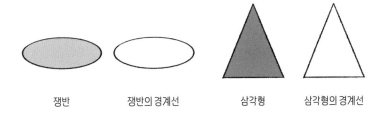

| 쟁반 | 쟁반의 경계선 | 삼각형 | 삼각형의 경계선 |

물건마다 가장자리가 있잖아요. 쟁반의 경우 쟁반의 끝부분 가장자리, 즉 경계선은 원 모양입니다. 삼각형의 경계선은 어떨까요? 앞의 그림처럼 속이 빈 채 삼각 선분으로만 이루어진 삼각형 모양이겠죠. 그런데 구의 경우는 달라요. 경계선이 없습니다. 수학에서 어떤 물건에 관해서 이야기할 때 경계선이 있고 없고가 근본적인 차이거든요. 다시 빨대 문제로 돌아가면, 빨대에는 경계선이 몇 개 있을까요?

"3개?"

"4개?"

아직 잘 모르겠죠? 좀 이따가 다시 확인할게요. 빨대 문제는 잠시 잊고 다시 쟁반 이야기를 이어 가겠습니다. 쟁반의 경계선이 몇 개라고 했죠?

"1개요."

맞아요. 쟁반의 가장자리는 원 1개예요. 그럼 엽전의 경계선은 몇 개일까요?

"2개요. 바깥쪽과 안쪽에 각각 원 모양이 있으니까요!"

그렇죠. 이 엽전을 위로 끌어당겨서 전등갓 모양을 만들어 볼게요. 이때 경계선은 몇 개일까요?

"2개요."

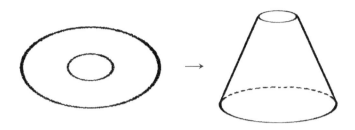

경계선은 2개가 되겠죠. 전등갓 모양을 잡고 계속 위로 늘이면 길고 홀쭉한 빨대 모양이 됩니다. 그럼 빨대 모양의 경계선은 몇 개일까요?

"2개요."

네, 2개예요. 빨대 모양의 가운데를 잡고 늘여서 구 모양을 만들어도 여전히 경계선은 2개입니다. 제가 경계선 이야기를 하는 이유는, 구멍의 개수가 수학적으로 잘 정의된 개념이 아니기 때문이에요. 그래서 위상이 같은 물건에 대해서도 사람마다 구멍 개수를 다르게 답할 수 있어요. 하지만 경계선의 개수는 바뀌지 않죠. 이런 이유로 수학적으로 더 엄밀하게 표현할 때는 '빨대의 경계선은 2개다'라고 말하는 것이 좋답니다.

제가 입고 있는 티셔츠의 경계선은 몇 개일까요?

"4개요."

　네, 4개입니다. 티셔츠가 실로 짜여 있다는 사실은 일단 무시하고 매끈한 평면이라고 생각해 볼게요. 앞에서 이야기한 다른 모양들도 이런 식의 '이상화'를 가정하고 있답니다. 이렇게 생각하면 티셔츠의 경계선은 4개예요.

　이 경계선의 모양들은 어떻죠? 그림에서 보다시피 원형입니다. 여기서 우리는 이미 위상수학적인 용어를 사용하고 있답니다. 다른 사람들에게 별 설명 없이 이 경계선이 무슨 모양이냐고 물어보면 보통 뭐라고 답할까요? 아마도 '원'이라는 답이 나오기는 힘들 겁니다. 목과 팔 등 우리 신체가 드나드는 구멍이 약간 찌그러져 있으니까요. 그래도 우리에게는 큰 상관이 없습니다. 왜일까요? 찌그러진 구멍이지만 원과 위상이 어떻다고요? 여러분 제가 하려는 말이 무엇인지 알겠죠?

"위상이 같아요!"

그래서 위상수학의 측면에서는 이 구멍들을 원이라고 불러도 아무 상관이 없어요. 그래서 이 티셔츠 같은 경우에는 경계선이 원 4개로 이루어져 있다고 할 수 있겠습니다.

"교수님은 빨대 구멍 문제를 처음 듣고 구멍이 몇 개라고 대답하셨어요? 궁금해요."

음, 저는 대답을 안 했죠. 하하하. 저와 수학에 관해 계속해서 더 많이 이야기해 보면 파악할 테지만, 저는 대답보다는 주로 질문을 한답니다. 하하하.

뫼비우스의 띠를 자르면 무슨 일이 벌어질까요?

자, 이번에는 얇고 기다란 종잇조각을 가지고 이야기해 볼게요.
이것은 지금까지 만난 모양 중에서 무엇과 위상이 같죠?

"사각형이요!"

네, 사각형과 위상이 같습니다. 그리고 삼각형, 쟁반과도 위상이 같아요.

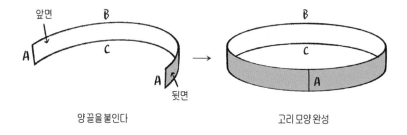

양 끝을 붙인다 　　　　　　　　　　고리 모양 완성

그런데 이 종잇조각의 양 끝을 맞붙여서 고리 모양으로 만들면 이제 위상이 달라집니다. 앞에서 살펴본 모양 중 무엇과 위상이 같아졌을까요? 바로 빨대예요. 빨대와는 둘레와 길이만 다를 뿐 위상은 같습니다. 빨대를 양옆으로 잡아당긴 뒤 위에서 눌러서 찌그러뜨리면 고리 모양이 될 거예요. 그렇다면 이 고리 모양은 경계선이 몇 개죠?

"2개요."

맞아요. 원 2개가 고리 모양의 경계선입니다. 종잇조각을 붙이기 전에는 경계선이 1개였어요. 그런데 경계선의 일부를 맞붙이니까 경계선의 개수가 늘어나 버렸습니다.

새로운 모양을 하나 더 만들어 볼게요. 다시 처음의 기다란 종잇조각으로 돌아가서, 이번에는 종이를 한 번 비튼 다음에 양 끝을 맞붙일 거예요. 어디서 많이 본 모양이죠? 바로 **뫼비우스의 띠**입니다.

뫼비우스의 띠에는 특별한 성질이 있는데 그게 뭔지 혹시 아는

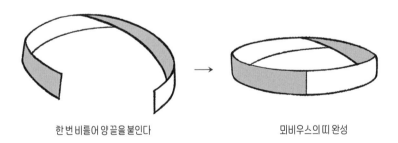

한 번 비틀어 양끝을 붙인다　　　　　　뫼비우스의 띠 완성

사람 있나요?

"끝이 없어요."

"뫼비우스의 띠에 선을 그으면 계속 이어져요."

그렇죠. 그런데 고리 모양에도 선을 그으면 계속 이어지잖아요. 그 둘의 차이는 뭘까요?

"경계선! 경계선이 달라요."

그렇죠. 둘의 차이를 알려면 경계선이 굉장히 중요합니다. 뫼비우스의 띠는 경계선이 몇 개일까요?

"1개 같아요."

띠의 한 면을 따라 선을 이어 그리면 원위치로 돌아오잖아요. 경계선이 하나밖에 없다는 뜻이죠.

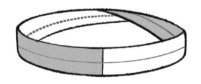

저는 이 점이 제일 신기해요. 고리 모양은 경계선이 원 2개였는데, 뫼비우스의 띠의 경계선은 원 1개예요. 단지 고리 모양보다 조금 비틀렸다는 차이밖에 없는데 말이죠.

혹시 뫼비우스의 띠를 잘라 본 사람 있어요? 자르면 무슨 일이 일어날까요? 뫼비우스의 띠를 자르기 전에 먼저 고리 모양을 잘라 볼게요. 고리 모양의 가운데를 따라서 쭉 자르면 어떻게 될까요?

"같은 고리 모양이 2개 생겨요."

네, 고리가 두 조각으로 나뉩니다. 이 고리들은 원래 모양과 위상이 같죠. 그렇다면 뫼비우스의 띠는 어떨까요?

뫼비우스의 띠를 잘라 보니 띠가 더 크고 길게 이어졌어요. 고리 모양을 잘랐을 때와는 다른 결과죠? 이 또한 뫼비우스의 띠가 가진 특별한 성질입니다. 물론 잘라 낸 띠는 자르기 전 뫼비우스의 띠와 위상이 다릅니다. 처음의 뫼비우스의 띠는 한 번 비튼 것이라면, 잘라 낸 띠는 두 번 비튼 모양이기 때문에 서로 위상이 다를 수

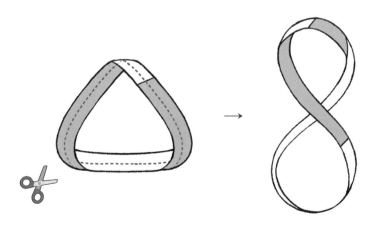

밖에 없습니다. 그러면 이렇게 잘라 낸 띠의 경계선은 몇 개일까요? 천천히 한번 세 보세요.

"음…… 2개의 원이 엮여 있으니까…… 경계선은 2개요!

네, 이렇게 경계선의 개수가 다르므로 둘의 위상이 다르다는 사실을 한 번 더 확인할 수 있습니다. 여러분에게 조금 어려운 내용이었을 수도 있겠네요. 그렇기 때문에 이 부분은 머리로만 이해하기보다 직접 만들어 보기를 추천합니다.

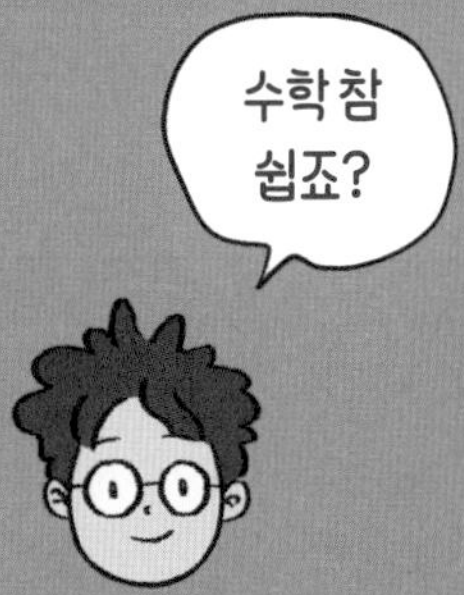
수학 참
쉽죠?

Part 2

둥그런 지구를
평평한 종이에 담으려면

제가 위상수학을 무척 좋아하기 때문에 무한히 많은 이야기를 할 수 있습니다만, 우리에게 주어진 시간은 유한하므로 새로운 모양을 약간만 더 소개할게요.

방금까지 우리는 경계선이 없는 모양을 두 가지 봤어요. 하나는 구 모양이었고, 다른 하나는 뭐였을까요?

"음⋯⋯."

우리가 물놀이할 때 쓰는 튜브 모양에도 경계선이 없어요. 다음 그림처럼 튜브 모양의 한 면을 자르면 빨대와 같은 위상이 됩니다. 경계선이 생겨 버렸네요. 이 빨대 모양의 내부를 잘라서 펼치면 어떤 모양이 될까요?

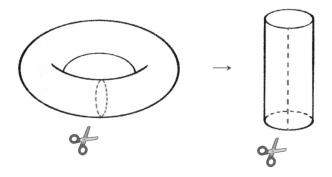

"직사각형이요!"

네, 사각형 모양이 됩니다. 지금은 모양의 위상에 관해 이야기하고 있기 때문에 꼭 직사각형이라고 말할 필요는 없어요. 위상의 세계에는 직사각형이 없거든요. 이 직사각형을 약간씩 변형해도 모두 사각형과 위상이 같습니다.

이 사각형은 앞에서 본 쟁반과도 위상이 같아요.

경계선이 없는 모양을 어떻게 만들 수 있을까요? 경계선이 있는 모양 안에서 경계선끼리 붙여 만드는 경우가 상당히 많아요. 이제 거꾸로 사각형에서부터 시

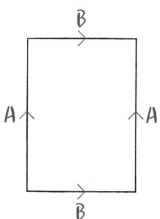

작해서 튜브 모양을 만들어 볼게요. 먼저 그림의 A 부분끼리 맞붙입니다. 그런 다음 B 부분끼리 붙이고요. 이렇게 하면 경계선이 없는 튜브 모양이 만들어집니다. 그림처럼 A, B를 표시하면 A와 A, B와 B는 같다는 뜻이에요.

그림은 평면에 그리는 게 편하잖아요. 그러므로 평면에 모양을 그린 다음에 A와 A는 같다고 글자로 표기만 해도 튜브 같은 모양을 매우 편리하게 묘사할 수 있어요.

이런 식으로도 생각할 수 있어요. 우리가 튜브 모양과 같은 세상에 살면서 지도를 만든다고 가정해 볼게요. 이때도 평면에 펼친 지도를 만들기가 더 쉽겠죠? 평면 지도 위에서 A와 A, B와 B가 서로 같다는 사실만 기억하면 됩니다. 이 튜브 모양을 영어로는 토러스(Torus)라고 합니다. 토러스를 더 쉽게 이해하는 방법을 하나 알려 줄게요. 인터넷에서 토러스 게임(Torus Games)을 검색해 보세요.[*] 게임을 즐기면서 토러스의 세계를 좀 더 재미있게 이해할 수 있답니다.

---

[*] https://www.geometrygames.org/TorusGames/index.html.en
(대소문자를 정확히 구분해서 입력하세요.)

참 이상하네?
그걸 뭐 하러 빼고 더해요?

앞에서 공부한 모양 중에 사면체와 육면체가 있었죠. 그중에서도 육면체는 우리가 일상생활에서 자주 보는 모양이에요. 정육면체의 꼭짓점은 몇 개일까요?

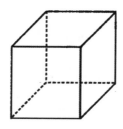

"8개요."

네, 정육면체의 꼭짓점(Vertex)은 8개예요. 변(Edge)은 12개이고요. 위에 4개, 아래에 4개, 옆에 4개, 모두 더해서 12개죠. 면(Face)은 육면체이니까 6개예요.

혹시 **오일러 수**라고 들어 봤나요? 방금 우리가 센 숫자들로 오일러 수를 구할 수 있어요. 꼭짓점(V) 개수에서 변(E) 개수를 뺀 뒤 면(F) 개수를 더하면 됩니다.

$$V-E+F$$

정육면체의 경우에는 8−12+6=2가 되죠. 따라서 정육면체의 오일러 수는 2예요. 어때요? 쉽게 계산할 수 있죠?

이번에는 정사면체의 오일러 수를 구해 볼게요. 정사면체의 꼭짓점은 4개, 변은 6개, 면은 4개입니다. 이때는 오일러 수가 어떨까요? V−E+F를 써서 계산해 보세요.

"4−6+4=2, 이번에도 2가 나왔어요."

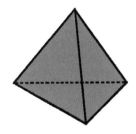

이렇게 계산해서 나온 오일러 수를 χ(카이)라고 불러요. χ는 그리스 문자예요. 수학자들이 전통적으로 사용하는 표기법인데, 이렇게 수학을 공부하면서 그리스 문자를 배우는 것도 재미있는 일이랍니다.

방금 우리는 정사면체의 χ는 2라는 사실을 확인했어요. 이번에는 정팔면체의 오일러 수도 구해 볼까요?

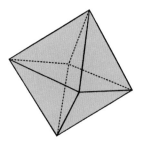

정팔면체의 꼭짓점은 6개, 변은 12개, 면은 8개입니다. 6−12+8 =2, 정팔면체의 오일러 수 역시 2가 나오네요. 이것은 상당히 신비한 현상이에요. 수학자 오일러가 18세기에 이 사실을 처음으로 발견했죠. 오일러는 정말 대단한 수학자예요. 수학 개념과 과학 이론을 굉장히 많이 제시한 사람이랍니다.

혹시 정다면체가 몇 개인지 알고 있나요? 정다면체를 '플라토닉 솔리드(Platonic Solid)'라고도 부르는데, 이 개념이 플라톤의 책에서 처음 나왔기 때문이에요. 플라톤은 정다면체가 5개라고 말합니다. 정사면체, 정육면체, 정팔면체, 정십이면체, 정이십면체 이렇게 5개죠.

정다면체가 5개뿐이라는 것은 꽤 놀라운 사실이에요. 정다면체는 모든 면이 다 똑같은 다각형이고, 모든 꼭짓점에서 모든 면이 똑같은 각도를 가지고 만나는 도형이죠. 그래서 정다면체예요. 그런데 정다면체가 딱 5개뿐이라는 사실이 왜 놀라울까요? 혹시 여러분은 정다각형이 몇 개인지 아나요?

"무한대요!"

맞아요. 정사각형, 정오각형, 정육각형…… 이렇게 정다각형은 무한히 많아요. 그런데 정다면체는 신기하게도 5개밖에 없어요. 더 이상 만들 수 없죠. 설명하자면 너무 길어지기 때문에 자세한 이야기는 여기서 안 하겠지만, 왜 5개뿐인지 각자 나중에 생각해 보면 좋겠어요.

다음으로 정십이면체를 볼까요? 꼭짓점이 20개, 변이 30개, 면이 12개입니다. 그렇다면 정십이면체의 오일러 수는?

"20−30+12=2, 2요!"

네, 또 2입니다. 정사면체, 정육면체, 정팔면체, 정십이면체, 정이십면체의 오일러 수는 전부 2예요. 꼭짓점, 변, 면의 개수는 각각 다르잖아요? 그런데 빼기 더하기를 하고 나면 항상 2가 돼요.

이것은 굉장히 중요한 사실이에요. 오일러가 이 사실을 알아차린 것이 지금 우리가 배우는 위상수학의 출발점이거든요. 여기에 신기한 포인트가 있어요. 꼭짓점, 변, 면의 개수를 세어 볼 생각은 누구나 할 수 있잖아요. 다 더해 볼 생각도 충분히 할 수 있고요. 그런데 어떻게 빼고 더할 생각을 했을까요? 참 신기하죠. '누가 뭐 하러 그런 계산을 했을까?' 저는 수학자로서 이 지점이 가장 흥미로워요.

이런 계산을 처음으로 한 사람이 바로 오일러인데, 계산을 하다가 굉장히 이상한 현상을 발견했어요. 정다면체의 꼭짓점, 변, 면의 개수를 모두 더하면 서로 다르죠. 그런데 빼기와 더하기를 하니까 항상 2가 나온 거예요. 이 발견은 훗날 수학, 물리학, 물질 이론 등에 큰 파급 효과를 미칩니다.

다른 모양도 살펴볼까요? 지금까지는 정다면체만 다루었는데, 이번에는 피라미드 모양을 같이 볼게요. 피라미

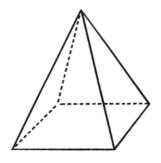

드 모양은 다면체이지만 정다면체는 아니에요. 그러고 보니 지금까지 '다면체'가 정확하게 무슨 뜻인지 한 번도 이야기를 안 했네요. 다면체는 다각형의 면들, 그 면들의 경계인 변들, 그 변들의 끝에 있는 점들이 만나서 이룬 모양이에요. 그럼 정다면체가 아니어도 오일러 수를 구할 수 있을지 확인해 볼까요?

피라미드는 옆은 삼각형, 밑은 사각형인 모양입니다. 피라미드의 꼭짓점은 5개, 변은 8개, 면은 5개이죠. 5−8+5=2, 피라미드도 오일러 수는 2가 되네요.

프리즘 모양도 한번 볼까요? 유리와 같이 투명한 물질로 만들어진 프리즘은 빛을 받으면 무지갯빛으로 변하죠.

프리즘의 꼭짓점은 6개, 변은 9개, 면은 5개입니다. 6−9+5=2, 프리즘도 오일러 수는 2가 되네요. 뭔가 패턴이 보이나요? 그러면 '계속 모양을 바꿔도 오일러 수는 항상 2만 나오나?' 이런 질문이 생길 거예요. 과연 사실일지 이어서 확인해 보겠습니다.

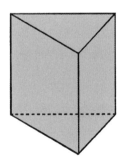

오일러는 누구인가요?

수학자로 널리 알려진 오일러는 사실 '18세기 최고의 과학자'라고 불릴 만큼 과학과 수학 등 다양한 학문에서 뛰어난 재능을 보였습니다.

오일러는 앞서 이야기한 '쾨니히스베르크의 다리 건너기 문제'나, 80여 년 동안 많은 수학자가 도전했지만 풀지 못했던 '바젤 문제' 같은 수학 문제 풀이뿐만 아니라 수학의 체계를 쌓는 일에도 큰 역할을 했습니다. 특히 쾨니히스베르크의 다리 건너기 문제는 그래프 이론과 위상수학에 영향을 미쳤으며, 바젤 문제는 무한개의 수를 체계적으로 더하는 무한급수 이론과 깊은 관련이 있습니다.

오일러의 가장 큰 업적이라면 조제프 루이 라그랑주(Joseph Louis Lagrange)와 함께 만든 '최소 작용의 원리' 방정식을 꼽을 수 있습니다. '오일러-라그랑주 방정식'이라고도 알려진 이 방정식은 일반 상대성 이론의 아인슈타인 방정식과 현대 물리학이 다루고 있는 입자 물리학의 모든 방정식의 초석이 될 만큼 근본적인 발견이었습니다. '빛의 경로는 시간을 최소화하는 방향으로 결정된다'는 발견처럼요.

오일러는 굉장히 많은 책과 논문을 쓴 학자로도 유명합니다. 1726년부터 1800년 사이 유럽에서 발행된 수학, 물리학, 공학 논문 중 약 3분의 1이 그가 쓴 것이라는 주장이 있을 정도입니다. 또 하나 놀라운 사실은 오일러의 눈이 보이지 않게 된 60대중반 이후에 전체 저서의 절반가량이 쓰였다는 사실입니다. 오일러는 성페테르부르크 학술원에서 측량학과 선박 디자인에 대한 논문을 쓰고, 베를린 학술원 시절에는 회계학과 보험 수학까지 연구한 뛰어난 응용 수학자였습니다. 스위스 과학학회에서는 1911년부터 오일러 전집을 발행하고 있는데, 70권 이상을 출판했지만 아직도 그 작업은 끝나지 않고 있다고 합니다.

레온하르트 오일러

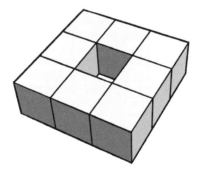

오일러의 고민

새로운 모양의 도형을 소개할게요. 이번에는 이 도형의 오일러 수를 계산해 보겠습니다.

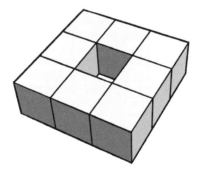

먼저 꼭짓점의 개수를 세 볼까요? 하나, 둘, 셋, 넷… 위에 16개가 있고, 아래에도 똑같이 16개가 있네요. 그래서 꼭짓점은 총 32

개입니다.

변의 개수도 같이 세 보죠. 위에 24개가 있고, 옆에 12개, 안에 4개, 아래에 24개가 있습니다.

"24+12+4+24=64, 변은 총 64개예요."

다음은 면의 개수입니다. 위에 8개가 있고, 아래에도 8개가 있겠죠. 옆에 12개, 안에 4개가 있습니다. 8+8+12+4=32, 면은 총 32개네요. 자, 그럼 이 도형의 오일러 수를 구하면?

"32-64+32=0, 어라? 2가 아니라 0이 나왔어요!"

네, 항상 오일러 수가 2는 아니라는 것을 알 수 있죠? 오일러도 여러분처럼 이런 계산을 계속하다가 궁금해졌어요. 어떤 경우에는 오일러 수가 2이지만, 2가 아닌 경우도 있으니까요. 그렇다면 **어떤 경우에 오일러 수가 2일까요?**

이는 수학의 역사에서 보면 상당히 특이한 문제입니다. 왜냐하면 답이 이미 나와 있거든요. '오일러 수는 2이다'라는 답이 있는데, 문제는 질문을 모른다는 것이었습니다. 어떤 경우에만 오일러 수가 2인지 알 수 있다면 '이러이러한 조건을 가진 것들의 오일러 수는 2이다'라고 수학적 정리를 만들 수 있잖아요. 답은 알지만 그 정리 자체가 무엇인지를 모르는 이상한 경우였죠.

그러면 오일러 수를 비교적 쉽게 구하는 방법을 하나 소개할게요. **이 이야기를 잘 따라오면 오일러 수의 성질에 대한 직관이 생길 거예요.** 정육면체의 면은 사각형이고, 정사면체의 면은 삼각형, 정십이면체의 면은 오각형인 것 기억하죠? 다음 그림은 굉장히 복잡한 다면체입니다.

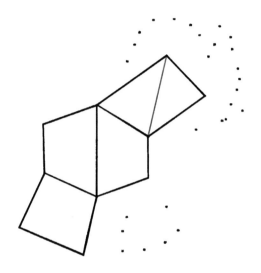

"음…… 생각보다 별로 안 복잡한데요."

하하하. 복잡하다 생각하고 마음의 눈으로 봐 주세요. 여기에는 복잡한 다면체의 일부인 사각형 면만 그렸어요. 이 사각형 안에 변을 하나 그려서 삼각형 2개로 나누어 볼게요.

그러면 오일러 수가 어떻게 바뀔까요? 꼭짓점 개수는 똑같습니다. 변과 면은 1개씩 늘었고요. 이를 정리해 보면 V−E+F에서 V는 그대로이고 E와 F는 1개씩 늘었으니까 V−(E+1)+(F+1)이 되어 전체적으로 변화가 없죠. 이렇게 도형을 더 나누어도 오일러 수는 변하지 않습니다.

여기 복잡한 모양의 또 다른 다면체들이 있습니다. 마찬가지로 다면체의 일부분을 평면으로 그렸어요.

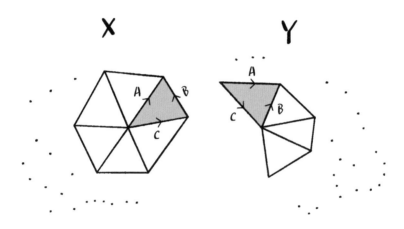

이때 왼쪽 다면체를 X라 부르고, 오른쪽 다면체를 Y라 부르기로 하죠. X와 Y에서 색칠한 삼각형 부분을 각각 잘라 내면 둘의 경계선을 서로 붙일 수 있습니다. X의 A와 Y의 A, X의 B와 Y의 B, X의 C와 Y의 C를 붙여 볼게요. 그러면 X와 Y를 붙인 새로운 다면체가 생기겠죠? 이 다면체를 Z라고 부를 텐데, 샤프(#) 기호를 써서 수학적으로 다음과 같이 표현할 수 있습니다.

$$Z = X \, \# \, Y$$

이는 다면체 X와 다면체 Y를 더한다는 의미입니다. **다면체의 덧셈**이죠. 그러면 이때 오일러 수는 어떻게 될까요?

처음 X와 Y에 각각 오일러 수가 있었을 텐데요, 아까 배운 χ를 써서 $\chi(X)$, $\chi(Y)$로 표기하겠습니다. 여기에서 삼각형을 하나씩 떼어 내면 어떤 변화가 생길까요?

다면체 X에서 삼각형을 하나 떼어 내도 모든 변은 그대로 남아 있습니다. 각 변이 옆의 다른 삼각형들과 붙어 있으니까요. 그렇다면 꼭짓점의 개수는 달라질까요?

"그대로예요."

네, 똑같아요. 면의 개수만 하나 줄겠죠. 그러면 다면체 X에서 삼각형을 하나 떼어 낸 다면체 X'의 오일러 수는 1만큼 줄어서 $\chi(X)-1$이 되겠죠. 다면체 Y에서 삼각형을 하나 떼어 낸 다면체 Y'의 오일러 수도 $\chi(Y)-1$이 되고요. 다음 표를 보면 더 쉽게 이해할 수 있어요.

	V	E	F	오일러 수
삼각형을 떼어 낸 X'	–	–	-1	$\chi(X)-1$
삼각형을 떼어 낸 Y'	–	–	-1	$\chi(Y)-1$

이제 삼각형을 떼어 낸 자리를 따라서 다면체 X'와 Y'를 붙이면 무슨 일이 일어나는지 보겠습니다.

두 삼각형은 하나의 삼각형이 됩니다. 그럼 변의 개수는 어떻게 되죠? Y' 삼각형의 세 변이 X' 삼각형에 다 붙으니까 변이 3개 줄죠. 마찬가지로 꼭짓점도 3개 줄어듭니다. 면은 어떨까요? 면은 이미 떼어 냈으니까 변화가 없겠죠.

	V	E	F	오일러 수
X'와 Y'를 붙였을 때	-3	-3	–	$\chi(X)+\chi(Y)-2$

그럼 다면체 X와 Y를 붙인 다면체 Z의 오일러 수 $\chi(Z)$를 구해 보겠습니다. V−E+F 식에 대입해 보세요.

"$\chi(X)-1+\chi(Y)-1+(-3)-(-3)+0$이요."

네, 맞아요. 이것을 계산하면 $\chi(X)-1+\chi(Y)-1$, 즉 $\chi(X)+\chi$

(Y)−2가 되겠네요.

$$\chi(Z) = \chi(X) + \chi(Y) - 2$$

지금까지의 과정을 통해 **다면체의 연산에서는 다면체 각각의 χ를 그냥 더하는 것이 아니라, 더한 뒤 2만큼 빼야 오일러 수를 구할 수 있다**는 사실을 알 수 있었습니다. 어때요? 언뜻 복잡해 보이는 문제도 차근차근 순서대로 생각해 보면 의외로 그다지 어렵지 않답니다.

스탠퍼드 토끼를 찾아라

자, 이제 거의 다 왔어요! 마지막으로 몇 가지 모양을 더 살펴볼게요.

이렇게 둥그런 튜브의 오일러 수는 어떻게 구할까요?

"음…… 튜브 모양에는 면, 변, 점이 없어서 못 구할 것 같아요."

그렇죠. 하지만 구할 수 있는 방법이 있답니다. 이런 경우에는 위상이 같은 다면체를 찾아서 대신 오일러 수를 계산하면 돼요. 어떤

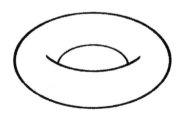

다면체가 이 튜브와 위상이 같을까요?

"앞에서 본 네모난 도넛이요."

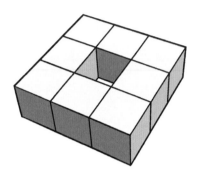

네, 여기 네모난 도넛을 다시 가져왔습니다. 이 다면체의 오일러 수는 몇이었죠?

"0이요! 2가 아니었어서 기억나요."

그렇죠. 그래서 둥그런 튜브의 오일러 수도 0이 됩니다.

다음의 다면체를 함께 보겠습니다. 생김새는 약간 다르지만 이 다면체도 튜브 모양이에요. 이 튜브 다면체의 오일러 수는 몇일까요?

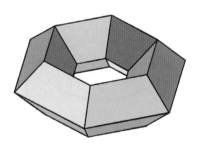

"0이요!"

네, 맞습니다. 이 튜브 다면체의 오일러 수는 0입니다. 진짜인지 확인해 볼까요? 이 다면체의 점은 위에 6개, 아래에 6개, 바깥쪽 가운데에 6개, 안쪽 가운데에 6개가 있으니까 전부 24개네요. 변의 개수는, 좀 귀찮더라도 세 보면 48개입니다. 면의 개수는 24개예요. 그럼 계산할 수 있겠죠?

"24−48+24=0, 0이 맞아요!"

자, 지금까지 위상이라는 개념을 다양하게 만나 봤어요. 요점은 **위상이 같은 다면체는 오일러 수가 같다**는 사실입니다. 이 사실을 증명하기는 상당히 어렵습니다. 그러나 자유롭게 활용할 수는 있죠. 이 점을 활용해서 다면체가 아닌 것들의 오일러 수를 정의할 수 있어요.

예를 들어 X라는 물건이 있어요. X의 오일러 수 $\chi(X)$를 계산하려면 X와 위상이 같은 다면체 Y의 오일러 수 $\chi(Y)$를 찾으면 됩니다. $\chi(X)=\chi(Y)$가 되겠죠. 그런데 누군가가 X와 위상이 같은 다면체 Z를 이용하여 $\chi(X)=\chi(Z)$를 구해 놓았다고 가정해 봅시다. 이때 다면체 Z는 다면체 Y와도 위상이 같으므로 $\chi(Y)=\chi(Z)$가 되겠죠. 이렇게 X와 위상이 같은 경우라면 어떤 다면체를 사용하든 오일러 수를 구할 수 있습니다.

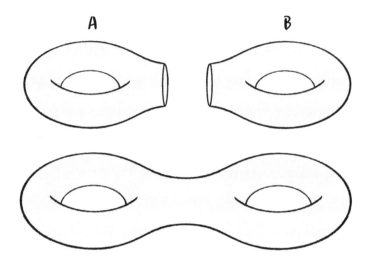

계속 연습해 볼게요. 튜브 A와 튜브 B의 옆면을 각각 잘라서 떼어 낸 다음, 그 자리를 따라서 A와 B를 서로 맞붙였어요. 그러면 이 다면체의 오일러 수는 어떻게 구할 수 있을까요?

앞에서 다면체의 연산을 하는 경우 다면체 각각의 χ를 더한 뒤 2만큼 빼야 한다고 했죠. 똑같은 논리를 여기에 적용하면 이 새로운 튜브의 오일러 수는 0+0−2=−2가 됩니다. 만약 여기에 같은 모양의 튜브 C를 하나 더 붙이면 어떻게 될까요?

"오일러 수가 −4가 돼요."

맞아요. 그러면 이번에는 구의 오일러 수를 맞혀 볼까요? 힌트를 주면, 앞에서 구는 정사면체와 위상이 같다고 했어요.

"2요! 정사면체의 오일러 수는 2이니까요."

그렇죠. 오일러 수는 구에서 2로 시작했다가, 튜브 모양에서 0이 되었다가, 튜브를 2개 붙인 모양에서 −2가, 튜브를 3개 붙인 모양에서 −4가 되는 식으로 변합니다. 튜브를 하나씩 붙일 때마다 오일러 수는 2만큼 줄죠.

이쯤 되면 오일러 수를 쉽게 계산하는 방법을 눈치챘나요? 사실, 오일러가 부딪혔던 질문에 대한 답을 앞에서 제가 은밀하게 흘렸습니다. '어떤 다면체의 오일러 수가 2인가?'라는 질문의 답이 뭔지 이제 알겠나요?

"구멍이 없는 다면체요."

그것도 맞는 표현이지만, '구멍이 몇 개다'는 위상수학에서 엄밀한 정의가 아니라고 아까 말했어요. 어떻게 표현하는 게 더 좋을까요? 힌트를 주면, 이런 식으로 접근해 보세요. '다면체가 구와 ＿＿＿ 하면 오일러 수는 2이다.' 밑줄에 어떤 말이 들어갈까요?

"위상이 같으면!"

네, 그게 답이에요. **다면체가 구와 위상이 일치하면 오일러 수가 2이다.** 오일러의 고민에 대해 수학자들이 오랜 시간 연구한 끝에 마침내 찾아낸 답입니다. 이 개념에 익숙해질 수 있도록 조금 더 연습을 해 보겠습니다.

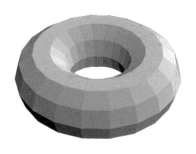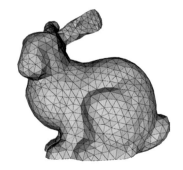

여기에 상당히 복잡한 튜브 모양*이 있습니다. 앞에서 본 튜브 모양과 같은데, 이건 막 잘린 상태예요. 이 튜브의 오일러 수는 몇일까요? 모양만 봐서는 굉장히 계산하기 어려울 것 같잖아요. 그런데 우리는 계산을 하지 않고도 오일러 수를 알 수 있습니다. 바로 0이에요. 이 복잡한 튜브 모양은 앞에서 본 튜브와 위상이 같으므로 오일러 수가 0입니다.

삼각형으로 이루어진 토끼도 봐 주세요. 이 귀여운 친구는 '스탠퍼드 토끼**'라고 하는데, 컴퓨터 계산에 자주 사용되고 있어요. 스탠퍼드 토끼의 오일러 수도 구해 볼까요?

---

* 그림 출처: https://mathworld.wolfram.com/Torus.html

** 그림 출처: Thomas Dickopf, Rolf Krause, <Evaluating local approximations of the L^2-orthogonal projection between non-nested finite element spaces>, ICS Preprint No. 2012-01, 8 March 2012.

첫 번째 수업

"구와 위상이 같으니까 2예요."

맞아요. 복잡하게 보이지만 스탠퍼드 토끼도 결국은 구와 위상이 같죠. 그래서 우리는 복잡한 계산 없이도 스탠퍼드 토끼의 오일러 수가 2라는 것을 알 수 있어요.

어떤 다면체들의 오일러 수가 2인가 하는 문제를 두고 수많은 사람이 고민했던 이유는, 그 당시에 '위상'이라는 개념이 없었기 때문이에요. 위상수학이 만들어지기까지는 꽤 시간이 걸렸거든요. 그래서 이 정리를 정확히 표현하려고 노력하는 과정에서 그 시대에 위상수학이라는 분야가 개발되었어요. 그러고 나서 다음의 정리가 만들어졌습니다.

1. 구와 위상이 같은 다면체는 오일러 수가 2이다.
2. 위상이 같은 다면체는 항상 오일러 수가 같다.

물론 다면체가 아니어도 오일러 수를 알 수 있습니다. 방금 그 방법을 함께 배웠지요? 2번 정리를 잘 생각해 보면 다음의 사실도 알 수 있어요.

3. 위상이 같은 모양은 (다면체가 아니어도) 오일러 수가 같다.

앞에서 구와 튜브는 위상이 다르다고 배웠어요. 그런데 그것이 사실인지 어떻게 확인할까요? 누군가가 아주 교묘하게 구를 튜브 모양으로 변형하는 방법을 알아낼 수도 있잖아요. 혹시 눈치챘나요? 어떻게 구와 튜브의 위상이 다르다고 자신 있게 말할 수 있는지요.

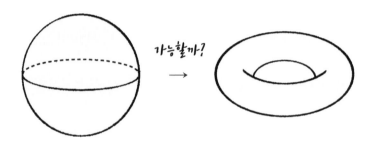

"아! 오일러 수가 다르기 때문이죠?"

그렇습니다! 지금 확인한 정리에서처럼, 위상이 같다면 오일러 수도 같겠죠? 그런데 오일러 수가 구는 2이고 튜브는 0이니까 위상이 같을 수가 없어요.

위상이 무엇인지 그 정의를 정확히 배우지 않고도 위상에 대해서 굉장히 많은 것을 알 수 있는 시간이었죠? 여러분은 이미 위상수학의 매력에 빠져들었을 거예요! 그럼 오늘은 여기까지 이야기하겠습니다.

모두 잘
해내고 있어요!

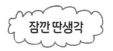

근데…… 위상수학을 어디에 쓰나요?

위상수학을 진짜로 쓸 수 있나요?

👩 : 교수님, 위상수학 말인데요……. 실제로 우리 생활에 쓰이고 있나요? 위상수학으로 계산을 해서 어디에 적용하는 건가요?

👨 : 위상수학을 활용하는 곳은 아주 많아요. 우리 생활을 위한 테크놀로지에도 위상수학이 꽤 많이 적용되고 있죠. 매일 우리가 사용하는 이 스마트폰에도 쓰여요. 위상수학이 어떻게 활용되는지를 사용자가 알 필요는 없지만, 이런 기기를 디자인하는 사람들은 꼭 알아야 하죠.

아주 간단한 예를 들어 볼게요. 어떤 이미지를 컴퓨터에 저장할 때 그 정보는 어떤 형태일까요?

👩 : 숫자일까요?

👨 : 맞아요. 컴퓨터의 데이터 파일이라는 건 다 수거든요. 혹시 이미지 검색을 해 본 적이 있나요? 검색창에 이미지 파일을 넣으면 비슷한 이미지를 찾아 주는 기능이죠. 그런데 이 숫자 파일만 갖고 컴퓨터가 어떻게 작업을 할까요? 생각해 보면 기상천외하잖아요. 수만 들어 있는데 말이죠.

수만 가지고 모양의 성질을 파악할 수 있게 만드는 수학적 정리가 여기에서 필요해요. 이미지의 꼭짓점, 변, 면의 개수에 관한 정보를 컴퓨터에 집어넣었다고 해 볼게요. 그럼 컴퓨터가 그 정보를 바탕으로 어떤 모양의 이미지인지 아주 기초적으로 구분할 수 있습니다. 이렇게 위상수학은 우리 삶의 가까운 곳에서 실제로 쓰이고 있어요.

피타고라스 정리가 여기서 왜 나오죠?

: 위상수학의 적용 사례는 아니지만, 원리가 비슷하므로 이런 질문을 던져 볼게요. 변의 길이가 5, 6, 8인 삼각형이 하나 있습니다. 이 삼각형은 직각 삼각형인가요, 아닌가요?

: 아니에요.

: 왜 아니죠?

: 피타고라스 정리에 넣어 봤어요.

: 네, 우리는 피타고라스 정리를 알고 있잖아요. 직각 삼각형이 되려면 어때야 하죠?

: $5^2+6^2=8^2$이 성립해야 해요.

: 그런데 5^2은 25, 6^2은 36이므로 둘을 더하면 61이네요. 근데 8^2은?

: 64요.

: 네, 그래서 이 삼각형은 직각 삼각형이 아니에요. 가만히 생각해 보면 참 신기한 일이에요. 직각 삼각형인가 아닌가를 판단할 때는 삼각형에 직

각이 있느냐 없느냐를 확인해야 할 것 같잖아요. 그런데 지금 우리가 실제로 삼각형의 각을 쟀나요?

   : 아니요.

 : 우리는 각도기를 쓰지도, 그림을 그리지도 않았어요. 그러니까 우리도 지금은 컴퓨터처럼 숫자 파일만 가지고 있는 셈이거든요. 그런데도 이 삼각형이 직각 삼각형인지 아닌지 금방 파악했어요. 계산만으로요.

 : 우아! 그렇게 생각하니까 확실히 신기하네요!

 : 컴퓨터 안의 데이터는 수로 저장되어 있는데, 그 수에서 데이터의 성질을 알아내야 하거든요. 피타고라스 정리는 거기에 적용된 대표적 정리이고요. 오일러 수도 마찬가지예요. 3차원 이미지 파일의 성질을 파악하려면 여러 작업이 필요한데, 여기에 오일러 수의 계산도 들어갑니다. 컴퓨터로 설계 계산을 해서 도면을 그리는 방법인 캐드(CAD, Computer-Aided Design)에 대해서 들어 봤나요? 캐드 분야에서는 3차원 모양을 저장하고 처리할 때 삼각형으로 나누거든요. 이때 오일러 수 같은 개념이 특히 유용하죠.

20세기는 전기, 21세기는 위상수학

 : 최근에 물리학에서 '위상적 물질'이라는 것이 발견되었어요. 이것을 연구한 사람들이 2016년 노벨 물리학상을 받았습니다. 이들은 물질의 전

자 구조가 '위상적인 성질'을 가진다는 사실을 알아냈죠.

쉽게 설명해 볼게요. 전자의 구조를 떠올려 볼까요? 물질 안에 전자들이 있습니다. 이때 강력한 자석을 주변에 두면 전자들이 이 자석 때문에 복잡하게 움직일 거예요. 그런데 어떤 물질들은 주변에 자석을 두어도, 심지어 점점 더 강력한 자석을 놓아도 성질이 안 변합니다. 이런 것을 '위상적 물질'이라고 불러요.

   : 아아.

 : 위상적 물질은 우리가 앞에서 배운 '위상'에 의존하기 때문에 '위상적'이라고 표현해요. 조금 어려운 개념이긴 하지만, 앞으로 적용할 수 있는 영역이 더욱 넓어질 주제이기 때문에 알아 두는 게 좋아요. 20세기에는 전기를 굉장히 많이 사용했잖아요. 전기에 대한 이해가 세상을 바꿨죠. 그와 비슷하게, 앞으로는 위상적 물질이 세상을 바꾸리라 예측하는 사람도 많답니다.

두 번째 수업

수의 마음을 읽을 수 있다면

피타고라스 정리와 신발 끈 공식

수학난제연구센터가 있는 고등과학원 8관 323호 연구실을 가려면, 먼저 9관 건물 입구로 들어가서 3층까지 올라간 다음 8관으로 건너가는 연결 통로를 이용해야 한다. 그러고는 한 층을 더 올라가야 비로소 수학난제연구센터에 도착한다. 교수님의 연구실까지 한 번에 가는 방법은 없을까? 왜 이렇게 복잡한 과정을 거쳐야만 할까? 미로 같은 통로들을 오가면서 지난 첫 번째 수업이 생각났다. 수학은 왜 이렇게 복잡한 걸까? 오늘 수업을 다 듣고 나면 복잡한 고등과학원 건물, 그리고 수학과도 좀 더 친해져 있기를!

보람

여러분, 제가 우리 모임의 이름을 생각해 왔어요! 고등과학원이 서울특별시 동대문구에 있으니까 '동대문에서 수학을 공부하는 모임'이라는 뜻에서 '동대문 수학 클럽' 어떤가요?

동대문 수학 클럽이요? 완전 좋아요!

아인

주안

흠, 더 멋진 이름도 있지 않을까요?
그래도 나쁘지 않아요.

하하하. 재미있네요! 찬성입니다.

민형

보람

그럼 확정입니다!
오늘도 우리 '동대문 수학 클럽' 파이팅!

좌표를 가지고 놀아요

여러분, '좌표'가 뭔지 알고 있어요?

"점의 위치를 수로 나타내는 것 아닌가요?"

네, 잘 알고 있네요. 보통은 평면에 X축과 Y축이 직각으로 만나

도록 선을 그리고 그 위에
점을 찍죠. 이 좌표 평면에
서 A와 B 두 점의 위치를 읽
어 볼까요?

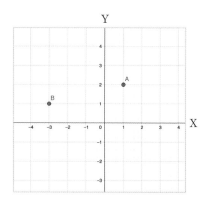

"A=(1, 2), B=(-3, 1)이
에요."

잘했어요. 이제부터는 지

오지브라(GeoGebra)라는 프로그램을 써서 좌표에 대해 살펴볼게요. 지오지브라는 누구나 자유롭게 사용할 수 있는 프로그램이니까 여러분도 집에서 가지고 놀아 보세요. 재미있는 놀이를 많이 할 수 있답니다. 지오지브라를 써서 아래처럼 삼각형을 그렸습니다. 화면 왼쪽에 뭐가 보이나요?

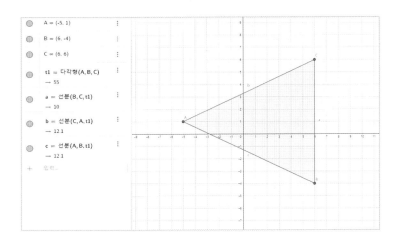

"좌표가 있어요."

A점, B점, C점의 좌표들이 보입니다. 그 아래에는 소문자 a, b, c 가 있고 그 값들이 나오네요. a, b, c는 무엇을 의미할까요?

"길이요!"

네, 화면 오른쪽에 있는 삼각형 주변에 a, b, c가 적힌 위치를 보고 추측할 수 있겠죠? a, b, c는 바로 세 변의 길이입니다. 마지막으로 $t1$은 이 삼각형의 넓이를 뜻해요.

이제 지오지브라의 기본 사용법을 익혔으니 A, B, C의 위치를 자유롭게 바꾸면서 연습해 보세요. 그러면 점을 움직일 때마다 화면 왼쪽에서 A, B, C 좌표가 곧바로 바뀌는 것을 확인할 수 있을 겁니다. 길이와 넓이 값들도 따라서 변하고요. 얼마든지 바꿔 봐도 좋아요. 그래도 순식간에 계산해 내니까요.

어때요, 참 편리하죠? 지오지브라로 매우 많은 작업을 할 수 있어요. 오늘은 여러분에게 이런 질문을 하겠습니다. **지오지브라는 어떻게 길이 값을 이토록 빠르게 계산할까요?** 컴퓨터에 자가 들어 있는 것도 아닌데 말이에요.

"컴퓨터가 빨리 계산하는 건 그냥 당연하다고 생각했어요. 그런데 교수님 말씀을 듣고 보니 갑자기 신기하게 느껴져요."

이 계산에는 **피타고라스 정리**가 쓰입니다. 여러분, 피타고라스 정리를 잘 알고 있죠?

"네. $a^2+b^2=c^2$이요."

그 의미도 알고 있나요? 여기에서 a, b, c는 무엇을 뜻하죠?

"삼각형의 세 변의 길이요."

그렇죠. 그런데 모든 삼각형에 이 정리가 성립하나요?

"아니요. 직각 삼각형에만 성립해요."

아주 잘 알고 있네요. 직각 삼각형에서 빗변 c의 길이를 제곱한 값이 다른 두 변 a, b의 길이를 각각 제곱하여 더한 값과 같다는 정리죠. 그럼 피타고라스 정리를 이용해서 길이를 계산하는 방법도 배웠어요?

"아뇨, 그건 잘 모르겠어요."

그럼 함께 배워 보죠. 굉장히 쉬워요.

여기에 P와 Q라는 두 점이 있어요. P점의 좌표를 (a, b)라 하고, Q점의 좌표를 (c, d)라 하겠습니다. 피타고라스 정리를 이용하면 두 점의 좌표만으로도 점과 점 사이의 거리를 계산할 수 있어요. 직접 재지 않아도 금방 알 수 있죠. 그게 핵심이에요.

$$\bullet \quad Q=(c, d)$$

$$\bullet$$
$$P=(a, b)$$

피타고라스 정리는 무엇에 관한 정리라고 했죠?

"직각 삼각형이요."

그렇죠. 직각 삼각형의 변의 길이들에 대한 정리잖아요. 피타고라스 정리를 이용하기 위해 직각 삼각형을 그려 보는 겁니다. P와 Q 두 점을 활용해서요. 그럼 직각 삼각형을 어떻게 그리면 좋을까요?

"……."

하하하. 질문이 좀 어려웠나요? 힌트를 하나 줄게요. 먼저 P와 Q를 선으로 연결합니다. 그다음에는 어떻게 할까요?

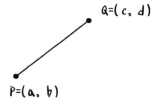

"아! (c, b) 위치에 점을 하나 더 찍어요. 직각 삼각형이 되어야 하니까요."

아주 좋은 생각이네요! 새로운 점 (c, b)와 Q=(c, d)는 X축 좌표가 같으니까 두 점을 이으면 수직선이 되겠죠. 그리고 점 (c, b)와

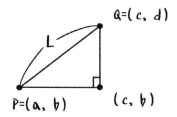

P=(a, b)의 Y축 좌표가 같으니까 이 점들을 이으면 수평선이 됩니다. 새로 생긴 두 선이 직각으로 만나서 직각 삼각형이 만들어졌으니 이제 피타고라스 정리를 이용할 수 있겠네요.

자, 그럼 두 변의 길이는 아주 쉽게 계산할 수 있겠죠? $c-a$와 $d-b$가 되겠네요. 나머지 한 변의 길이는 'Length'에서 이름을 따서 'L'이라고 부르겠습니다. 피타고라스 정리에 따르면, 이 세 변의 관계는 $L^2=(c-a)^2+(d-b)^2$이 됩니다. 그럼 L은 어떻게 구할까요?

"$L=\sqrt{(c-a)^2+(d-b)^2}$이요."

네, 루트($\sqrt{}$)를 써서 L^2의 제곱근을 구하면 되겠죠. 이런 식으로 좌표만 있으면 거리를 알 수 있습니다. 굉장히 편리하죠?

피타고라스는 누구인가요?

피타고라스는 '피타고라스 정리'를 만든 고대 그리스의 수학자로 널리 알려졌지만, 동시에 철학자이기도 했습니다. 그의 삶은 명성에 비해 베일에 싸여 있는데, 전해 오는 많은 전설을 조합해 보면 상당히 독특하고 재미있는 인물이었어요.

상인이었던 아버지의 영향을 받은 피타고라스는 이집트와 그리스 등 여러 나라를 누비며 고대 세계의 철학과 과학을 열심히 공부했어요.

피타고라스는 세상의 근원이 수로 이루어졌다고 생각했고, 이탈리아의 크로톤에 정착해 생각이 같은 사람들과 공동체를 만들었습니다. 그 공동체 사람들을 '피타고라스 학파'라고 부른답니다.

피타고라스 학파 사람들은 수의 신비에 빠져 있었습니다. 그들은 음악에서도 간단한 비율로 음계를 설명할 수 있다는 사실을 발견했죠. 길이의 비가 2:1인 현 두 개를 동시에 울리면 8도의 차이가 나는 옥타브 화음(C-C)이 나타나고, 3:2이면 5도 화음(C-G), 4:3이면 4도 화음(C-F)이 된다는 것이죠.

그들은 현의 비율과 화음 사이의 밀접한 관계를 공부하면서 '모든 것이 수'라는 신비한 원리를 믿게 되었습니다. 그들은 음악 또한 우주의 기본 원리와 연결된 중요한 현상으로 여겼어요.

표도르 브로니코프, 〈일출을 축하하는 피타고라스 학파〉(1869)

서로 다른 두 개의 음을 동시에 울렸을 때 소리가 합쳐지면서 수와 관련된 새로운 현상이 일어난다는 사실은 인류 역사상 가장 중요한 발견 중 하나입니다. 이 발견은 현대 과학에도 영향을 미치고 있는데, 이와 유사한 원리가 세상의 아주 작은 구성 요소를 다루는 '입자 이론'에도 존재하고 있습니다.

숫자로 모양을 알아내는 피타고라스의 마법

지금까지 방법을 익혔으니 이제부터는 방금 본 좌표들에 숫자를 넣어서 연습해 볼게요. 이 두 점들 사이의 거리를 한번 계산해 보세요.

$$P = (1, 2)$$
$$Q = (5, 7)$$

계산하려면 종이가 필요하죠? 혹시 암산으로 할 수 있나요?

"교수님, 주안이가 암산으로 계산하고 있는 것 같아요!"

"아, 아니에요."

"암산이 가능해?"

"하하하."

자, 결과가 어떻게 나왔어요? 아인이부터 답을 말해 볼까요?

"아, 먼저 말하기 싫은데……."

가끔은 먼저 말하는 편이 좋을 수도 있어요. 먼저 말해서 실수를 하면 지적을 받잖아요. 그러니까 혹시 잘못 이해하고 있는 것이 있다면 바로잡을 수 있겠죠? 그런데 내 실수가 드러날 기회가 없다면 고칠 수도 없어요. 이 수업에서는 시험을 치지도 점수를 매기지도 않으니까 마음껏 답하고 실컷 틀려도 좋아요.

그럼 같이 답을 확인해 볼까요? 이 경우에는 공식보다 이 말을 떠올리는 게 더 도움이 될 거예요. **X 좌표끼리 빼고 Y 좌표끼리 뺀 다음, 각각 제곱한 것을 더해서 루트를 취한다.** 그러면 5−1과 7−2를 각각 제곱해서 더한 다음 루트를 취하면 되겠죠. $\sqrt{(5-1)^2+(7-2)^2}$ 을 계산하면 $\sqrt{16+25}=\sqrt{41}$이 나옵니다.

$\sqrt{41}$은 어느 정도의 수인지 추정해 볼까요? $\sqrt{36}=6$보다는 크고 $\sqrt{49}=7$보다는 작을 거예요. 그러니까 6과 7의 사잇값이라는 거죠. 이 정도도 $\sqrt{41}$에 관한 꽤 많은 정보입니다.

그럼 지금까지 계산한 결과를 지오지브라로 확인해 볼게요.

P=(1, 2), Q=(5, 7), C=(5, 2)에 점을 찍고 직각 삼각형을 그리니

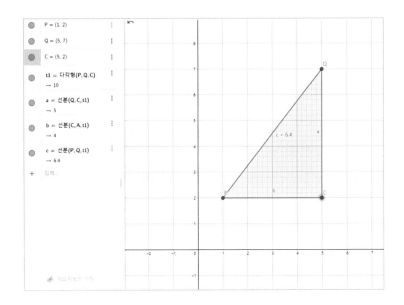

까 선분 PQ의 길이는 6.4가 나오네요. 우리가 추정한 값과 비슷하죠? 컴퓨터 프로그램도 이런 방법으로 계산을 한답니다. 어때요, 이해가 가나요?

더 확실히 이해하기 위해서 연습을 한 번 더 할게요. 평면상에 P, Q, R이라는 세 점이 있습니다. 세 점의 좌표는 다음과 같습니다.

$$P = (1, 1)$$

$$Q = (3, 0)$$

$$R = (4, 2)$$

세 점을 꼭짓점으로 하는 삼각형을 만들었을 때 이 삼각형은 직각 삼각형일까요, 아닐까요? 이번에는 그림을 그리지 않고 계산만으로 확인해 보세요.

"네?"

괜찮아요. 여러분은 이미 방법을 알고 있습니다. 그리고 그림을 그리지 않는 게 어쩌면 당연할 수 있어요. 그래서 확인하면 정확도가 떨어질 수 있으니까요. 다만 계산이 약간 필요할 수는 있겠네요.

"그림은 안 그리고 종이에 값을 쓰면서 구해도 될까요?"

그럼요. 수는 얼마든지 사용해도 좋아요. 힌트를 하나 주면, 먼저 우리가 무엇을 구해야 할까요?

"변의 길이요."

네, 맞아요. 변의 길이를 a, b, c라고 하죠.

"다 계산했어요. $\sqrt{5}$, $\sqrt{5}$, $\sqrt{10}$이 나왔어요."

이번에는 자신 있게 대답하네요? 그것만으로도 이미 훌륭해요. 그럼 같이 답을 확인해 보죠. 두 좌표 사이의 거리를 어떻게 구할까요? 아까 제가 한 말 기억해요? **X 좌표끼리 빼고 Y 좌표끼리 뺀 다음, 각각 제곱한 것을 더해서 루트를 취한다.** 그러면 다음과 같이 계산할 수 있겠죠.

$$PQ의 \ 길이: \sqrt{(3-1)^2+(0-1)^2} = \sqrt{2^2+(-1)^2} = \sqrt{4+1} = \sqrt{5}$$

$$QR의 \ 길이: \sqrt{(4-3)^2+(2-0)^2} = \sqrt{1^2+2^2} = \sqrt{1+4} = \sqrt{5}$$

$$RP의 \ 길이: \sqrt{(4-1)^2+(2-1)^2} = \sqrt{3^2+1^2} = \sqrt{9+1} = \sqrt{10}$$

그러면 결론이 뭘까요? 직각 삼각형이 맞습니다. $(\sqrt{5})^2+(\sqrt{5})^2=(\sqrt{10})^2$이 되니까요. 여기서 강조하고 싶은 것은, 이 계산들이 간단해 보여도 사실은 심상치 않다는 점이에요. 꼭짓점들의 좌표만 알면 그 사이의 거리가 얼마인지, 직각 삼각형인지 아닌지 계산해서 알 수 있죠. 생각해 보면 참 신기한 일이에요.

이 모든 것을 가능케 한 사람이 바로 피타고라스(Pythagoras)예요. **피타고라스 정리 덕분에 수만 가지고 계산을 해서 모양에 대한 많은 사실을 파악할 수 있어요.** 피타고라스 이후로 수천 년 동안 수학이 상당히 많이 발전했지만, 저는 여전히 **피타고라스 정리가 수학의 역사에서 가장 중요한 정리라고 생각해요.**

피타고라스 정리는 완전히 다르다고 생각해 왔던 '모양의 영역'과 '수의 영역'을 연결했습니다. 거리, 길이, 각도는 모양에 관한 이야기 잖아요? 그러니까 **기하학**이라고 할 수 있어요. 기하학은 도형과 공간의 성질을 공부하는 학문이에요. 그런데 피타고라스 정리 덕분에 계산만으로 기하학을 공부할 수 있게 되었어요. 정말 대단한 일이죠?

신발 끈처럼 요리조리 숫자들을 묶어 봐요

계속 지오지브라를 보면서 이야기해 볼게요. 다음과 같은 삼각형이 하나 있습니다. 화면의 왼편을 보니 $t1=43$이라고 쓰여 있네요. 여기에서 $t1$은 무엇이라고 했죠?

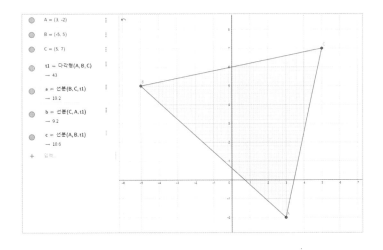

"삼각형의 넓이요."

잘 기억하고 있네요. 그러면 지오지브라는 이 삼각형의 넓이를 어떻게 구했을까요?

"으아아, 거기까지는 잘 모르겠어요."

어려울 것 같나요? 하하하. 지오지브라는 좌표만으로도 금방 넓이를 계산합니다. 좌표를 마구 움직여도 척척 계산해 내죠. 이것을 보면서 우리는 좌표만 가지고도 넓이를 파악하는 방법이 있다는 사실을 짐작할 수 있습니다. 컴퓨터 프로그램은 어떻게 이렇게 빠르게 계산을 하는 걸까요? 지금부터 컴퓨터가 이 계산에 활용한 공식을 가르쳐 줄게요.

이 공식에는 다양한 이름이 있어요. 우리 수업에서는 **신발 끈 공식**이라고 부르기로 하죠. 신발 끈 구멍에 요리조리 끈을 통과시키면서 매듭짓는 모습을 떠올리면 쉽게 이해할 수 있을 거예요.

삼각형에는 3개의 꼭짓점 좌표가 있겠죠. 이 세 좌표를 (X_1, Y_1), (X_2, Y_2), (X_3, Y_3)라고 할게요. 신발 끈 공식을 적용하기 위해 다음과 같이 이 좌표들을 신발 끈 구멍들처럼 나란히 적습니다. 첫 번째 좌표부터 마지막 좌표까지 위에서 아래 방향으로 쭉 적고, 마지막에 첫 번째 좌표를 또 한 번 적습니다.

"좌표의 순서는 아무렇게나 적어도 될까요?"

중요한 질문이네요! 어느 점에서 시작하든 그것의 시계 반대 방향의 순서로 좌표를 적어야 해요.

$$X_1 \quad Y_1$$
$$(x_3, Y_3) \qquad X_2 \quad Y_2$$
$$\longrightarrow \quad X_3 \quad Y_3$$
$$(x_1, Y_1) \qquad (x_2, Y_2) \qquad X_1 \quad Y_1$$

좌표들을 다 적은 다음 왼쪽 X_1부터 시작해서 대각선 아래 방향으로 끈을 통과시킵니다. $X_1 \rightarrow Y_2$, $X_2 \rightarrow Y_3$, $X_3 \rightarrow Y_1$ 이렇게요. 반대쪽 끈도 묶어야겠죠? 이번에는 오른쪽 Y_1부터 시작해서 대각선 아래 방향으로 끈을 통과시킵니다. $Y_1 \rightarrow X_2$, $Y_2 \rightarrow X_3$, $Y_3 \rightarrow X_1$의 순서로요.

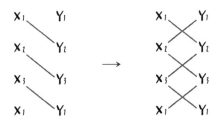

이제 왜 '신발 끈 공식'이라고 부르는지 알겠죠? 자, 신발 끈을 다 묶었으면 다음 단계로 넘어갈게요. 각각의 매듭을 곱하고 빼고 더

한 다음 2로 나눕니다. 말로 설명하니 복잡한 것 같지만 이를 간단하게 식으로 정리하면 다음과 같습니다.

$$\frac{1}{2}|(X_1Y_2-X_2Y_1)+(X_2Y_3-X_3Y_2)+(X_3Y_1-X_1Y_3)|$$

실제 좌표를 가지고 연습해 볼까요? 굉장히 쉬운 경우부터 해 볼게요. 삼각형의 꼭짓점을 좌표상 (0, 0), (2, 0), (0, 2) 위치에 놓습니다.

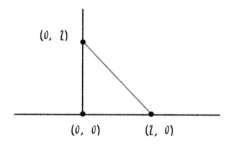

꼭짓점들의 좌표를 이렇게 설정한 데는 이유가 있어요. 이 삼각형에서는 쉽게 넓이를 확인할 수 있거든요. 여러분도 앞으로 공부를 하다가 새로운 수학 공식을 만나면, 처음에는 쉬운 예로 확인해 보는 게 좋습니다. 그러면 공식을 쓸 때 자신감이 생기거든요. 지금 이 경우에는 신발 끈 공식이 맞는지 확인하려면 삼각형의 넓이가 2가 나와야겠죠? 삼각형의 넓이를 구하는 공식인 $\frac{1}{2}\times$밑변$\times$높이를 적용하면, $\frac{1}{2}\times2\times2$가 되니까요. 지금부터 신발 끈 공식을 써서 넓이를 확인해 보겠습니다.

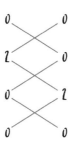

0→0, 2→2, 0→0 이렇게 왼쪽을 먼저 묶고, 그다음 0→2, 0→0, 2→0 이렇게 오른쪽을 묶습니다. 공식을 따라서 계산해 보면 다음의 결과가 나옵니다.

$$\frac{1}{2}|(0\times0-0\times2)+(2\times2-0\times0)+(0\times0-2\times0)|$$
$$=\frac{1}{2}|(0-0)+(4-0)+(0-0)|=\frac{1}{2}|0+4+0|=2$$

어때요, 2가 나왔죠? 이렇게 신발 끈 공식으로 삼각형의 넓이를 확인했습니다. 이 공식은 삼각형뿐만 아니라 어떤 다각형에든 적용할 수 있어요. 꼭짓점 좌표만 있으면 다각형의 넓이를 쉽게 계산할 수 있습니다. 우리가 직접 계산하기에는 조금 번거로운 과정일 수 있지만, 컴퓨터한테는 상당히 쉬운 계산이거든요. 컴퓨터를 써서 무언가를 디자인하거나 만드는 사람들에게는 지오지브라 같은 프로그램이 굉장히 쓸모 있겠죠.

자, 이번에는 우리 눈앞에 굉장히 넓은 호수가 있다고 상상해 봅시다. 이 호수의 넓이를 알고 싶지만 호수가 너무 깊어서 물속에 들어가기는 힘들어요. 이럴 때는 어떻게 호수의 넓이를 구할 수 있을까요? 힌트는 이 경우에도 신발 끈 공식을 사용한다는 겁니다.

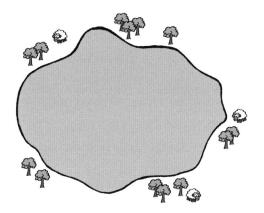

"교수님, 꼭짓점이 없는데요?"

맞아요. 꼭짓점이 없어서 정확하게 계산할 수는 없지만, 실제 넓이에 상당히 가까운 값은 알아낼 수 있어요.

"여기에 꼭짓점을 엄청 많이 찍으면 어떨까요?"

좋은 생각이에요! 다음 그림과 같이 호수 둘레를 따라 꼭짓점을 촘촘하게 찍으면 호수 모양의 다각형을 만들 수 있습니다.

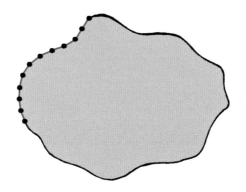

각 점의 좌표도 금방 알 수 있겠죠? GPS 정보를 이용하면 되니까요. 그 좌표들을 신발 끈 공식에 넣어서 계산하면, 직접 물속에 들어가지 않고도 호수의 넓이를 계산할 수 있습니다.

"우아! 땅이나 건물의 넓이를 재야 하는 건축 같은 일에 유용할 것 같아요!"

네, 매우 편리하죠. 예전에는 '면적기'라는 기계를 써서 면적을 구하곤 했어요. 현장에 직접 기계를 가지고 가서 둘레를 따라 돌며 면적을 구하는 식이었죠. 면적기가 작동하는 원리에도 우리가 배운 신발 끈 공식이 숨어 있답니다.

하늘 위의 비행기는 어떻게 길을 찾을까요?

세계 지도를 보면 지도 위쪽에 있는 그린란드는 다른 나라에 비해 굉장히 넓어 보이죠. 하지만 사실은 지도에 보이는 만큼 크지는 않아요. 지도에는 그린란드가 왜 크게 그려져 있을까요?

"동그란 지구를 평면으로 펼치려고 해서요."

맞습니다. 지구를 지도에 옮길 때 가장 많이 사용하는 방법이 **메르카토르 투영법**(Mercator Projection)이에요. 네덜란드의 지도학자 헤라르뒤스 메르카토르(Gerardus Mercator)가 16세기에 세계 지도를 그리면서 처음 사용한 방법이죠.

다음 그림과 같이 지구 주위를 원통으로 둘러싼다고 생각해 볼까요? 그리고 그 가운데에 전구를 하나 넣는 거예요. 전구에서 나

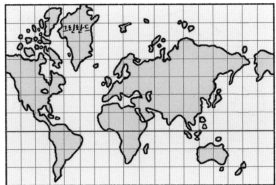

오는 빛이 지구의 한 점을 찍고 원통의 어딘가에 부딪힙니다. 메르카토르 투영법은 이런 식으로 원통에 지구 표면을 비추는 원리예요. 이렇게 하면 위쪽 지역이 지구본에서는 크게 투영됩니다. 적도 근처는 실제 크기와 꽤 비슷한 비율로 투영되지만, 북극이나 남극처럼 극으로 갈수록 점점 더 확대되는 거죠.

세계 지도를 보다 보니 여행을 떠나고 싶어지네요. 런던에서 인천까지 여행을 떠나 볼게요. 두 도시를 잇는 가장 빠른 항로는 어떤 모습일 것 같나요?

"일직선이요."

맞아요. 하지만 제가 런던에서 인천까지 타고 온 비행기의 실제 항로는 일직선이 아니었어요.

비행 항로는 왜 일직선이 아닐까요? 그 이유는 메르카토르 투영법에 있습니다. 메르카토르 투영법을 쓰면 지도에서 극지방의 나라들은 실제보다 더 커 보인다고 했죠. 그러니까 지도상 직선거리를 따라가기보다는 어떻게 가는 게 더 좋을까요?

"살짝 위로 가요."

그렇죠! **지도상 직선거리보다 살짝 위로 가는 게 실제로는 더 빠른 항로입니다.** 직선거리 위쪽의 항로가 지도로 보는 것보다 실제로는 더 짧으니까요.

구 모양의 지구 위에서는 여러 종류의 항로가 있을 수 있는데, 그중에 '**큰 원**(Great Circle)'이라고 부르는 항로가 있어요. 지구상에서 가장 큰 원은 무엇일까요?

"지구의 둘레요!"

맞아요. 적도를 빙 두르는 원이 지구상에서 가장 큰 원이겠죠.

같은 원리로 북극에서 남극으로 내려가는 원도 가장 큰 원입니다. 이 '큰 원'을 이용하면 서로 떨어져 있는 두 지점을 잇는 가장 짧은 항로, 즉 최단 항로를 찾을 수 있어요. 다음 그림에서 A부터 B까지의 최단 항로를 찾는다면, '큰 원'을 회전시켜서 A와 B를 통과하게 만들면 됩니다.

비행기는 이런 식으로 '큰 원'을 따라서 최단 항로로 비행합니다. 이 '큰 원'은 다른 말로 '대원(大圓)' 또는 '대권(大圈)'이라고도 불러요. 그리고 **두 지점을 오가는 최단 거리, 즉 '큰 원 항로'를 '대권 항로** (大圈航路, Great Circle Route)'**라고도 한답니다.**

과거 러시아가 소련이라는 이름의 사회주의 국가였을 때는 '큰 원 항로'를 사용할 수 없었어요. 그래서 제가 처음으로 유학을 떠난

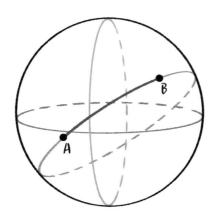

시절에는 소련 상공을 피해 가느라고 더 오랜 시간 비행할 수밖에 없었죠. 다행히 이제는 그런 문제가 없어져서 최근까지는 전 세계 웬만한 곳은 '큰 원'을 따라서 최단 항로로 오갈 수 있었어요.

하지만 2022년 우크라이나와 러시아의 전쟁으로 '큰 원 항로' 사용에 또다시 문제가 생겼습니다. 우리가 타는 민간 항공기뿐만 아니라 물자를 실어 나르던 항공편이 전쟁 지역의 영공을 피해 다니게 된 거예요. 이렇게 '큰 원 항로'를 이용하지 못하면 운송 시간이 길어지고, 그만큼 운송 비용도 증가하는 등 우리 생활에도 큰 영향을 끼친답니다.

'큰 원'에 대해서는 이렇게도 생각할 수 있어요. **지구상에서는 직선과 같은 것이 '큰 원'이다.** '큰 원 항로'가 최단 거리이기 때문에 '큰 원'이 지구상에서 직선 역할을 한다고 보는 거죠.

메르카토르 투영법으로 그린 지도에서는 극으로 갈수록 실제보다 더 확대되어 보인다고 했죠. 이 지도에서는 실제 거리와 지도상의 거리 사이에 일정한 비율이 성립하지 않아요. 그런데 이때 신기하게도 **등각 사상**(等角寫像, Conformal Mapping)은 성립합니다. 이 사실은 항해에서 굉장히 중요해요. 다음 예시를 통해서 그 의미를 살펴볼게요.

메르카토르 지도를 들고 뉴욕에서 브리스톨까지 항해를 떠난다고 해 볼게요. 먼저 지도 위에 뉴욕과 브리스톨을 잇는 직선을 그려서 항로를 정합니다. 그러고 나서 이 직선과 경도선들이 만나는 지점을 살펴보면 똑같이 A라는 각도가 나옵니다.

이제 나침반을 꺼내 보겠습니다. 경도선은 항상 북쪽을 향하므로 나침반을 보면 북쪽이 어디인지 찾을 수 있어요. 뉴욕에서 브리스톨 방향으로 나아가면서 뱃머리가 항상 북쪽과 A라는 각도를 유지하도록 만들면 자동으로 이 직선 항로를 따라가게 됩니다.

앞에서 살펴본 대로 이 직선 경로는 최단 경로가 아니에요. 나침반만으로는 최단 경로를 찾기가 어렵습니다. 하지만 이 직선 경로는 나침반으로 쉽게 찾을 수 있죠. 뱃머리가 항상 북쪽과 A라는 각도만 유지하면 되니까요. 그래서 옛날에는 항로가 조금

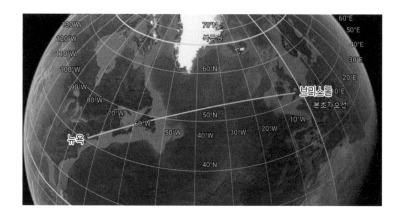

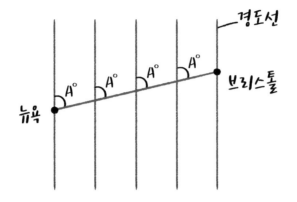

더 길어지더라도 정확하게 목적지에 도착할 수 있게끔 메르카토르 투영법을 많이 사용했어요. 하지만 오늘날에는 잘 쓰지 않죠. 인공위성으로 지구 전체를 입체적으로 볼 수 있으니까요. 이렇게 현대의 기술 덕에 최단 경로를 쉽게 찾을 수 있게 되었답니다.

내가 아직도
곡선으로 보이니?

실제 영국의 한 초등학교 시험에 나온 문제입니다. 이 그림 안에
직각이 몇 개 있는지 찾아보세요.

"네? 여기에 직각이 있다고요?"

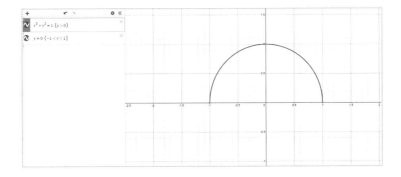

네, 그게 문제예요. 그림 안에 직각이 있는 것 같아요, 없는 것 같아요?

"직각은 없는 것 같아요."

보통 우리는 직선끼리 만나야 직각이 생길 수 있다고 생각합니다. 그런데 직선과 곡선이 만난 이 그림을 점점 확대해서 보면 어떨까요?

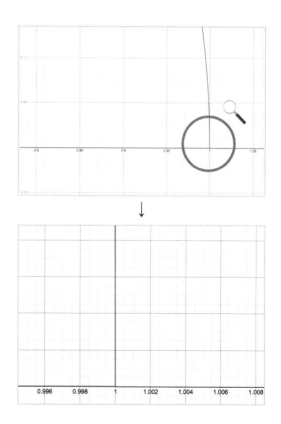

두 번째 수업

"앗, 직각이 있어요!"

네, 이런 식으로 들여다보니 확대하기 전 처음의 그림에는 2개의 직각이 있었습니다. 이를 통해 우리는 **곡선이 들어간 선분 간의 만남에서도 각이 만들어질 수 있다**는 사실을 알았습니다. 곡선을 확대해서 가까이 볼수록 직선과 별 차이가 없어요.

이렇게 생각해 볼 수도 있어요. 만약 곡선을 따라서 차를 타고 간다면, 직선과 만나는 순간에 차가 가고 있던 방향이 있겠죠? 곡선과 직선 사이의 각도는 바로 방향과 직선 사이의 각도입니다.

이런 사실을 바탕으로 지구상에서 직각을 찾아볼 거예요. 앞에서 '큰 원'이 지구상에서 직선 역할을 한다고 했는데, 이런 직선 3개를 연결해서 직각 삼각형을 만들 수 있을까요? 지금부터 확인해 보겠습니다.

적도를 둘러싼 '큰 원'인 위도선, 북극과 남극을 잇는 '큰 원'인 경도선이 만나면 각도가 어떨까요?

"직각이요."

그렇죠. 그리고 다른 한쪽에 선을 하나 더 그리면 직각 삼각형이 완성되겠죠. 그러니까 지구상에도 직각 삼각형이 있다고 할 수 있어요. 이때 피타고라스 정리는 성립할까요?

"음, 직각 삼각형이니까 성립할 것 같아요."

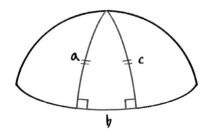

그럼 직접 그림을 그려서 확인해 보겠습니다. 그림에서 각 직선의 길이를 a, b, c라고 부를게요. 그런데 뭔가 이상하죠. a와 c의 길이가 같네요? 피타고라스 정리가 성립하려면 $a^2+b^2=c^2$이어야 하는데 $a=c$이니까 불가능하겠죠. 그러므로 **지구상에서는 피타고라스 정리가 성립하지 않아요.**

이는 굉장히 놀라운 사실이에요. 그리스의 수학자 유클리드(Euclid)가 정리한 **유클리드 기하학**(Euclidean Geometry)은 오랫동안 수학의 근원이었어요. 피타고라스 정리도 유클리드 기하학과 밀접한 관계가 있습니다. 그런데 여기에서는 피타고라스 정리가 성립하지 않기 때문에 유클리드 기하학 또한 성립하지 않죠. 이런 종류의 기하학을 **비유클리드 기하학**(Non-Euclidean Geometry)이라고 합니다.

또 이상한 점이 있습니다. 우리가 삼각형에 관해 알고 있는 가장 기본적인 정의가 뭐죠? 길이에 관한 내용을 빼고요.

"삼각형의 세 각의 합은 180도예요."

그런데 그림에서는 삼각형의 세 각의 합이 어떻게 되죠?

"180도가 넘어요!"

네, 맞아요. **지구상에서 만들어지는 삼각형의 합은 180도가 아닙니다.** 이렇게 비유클리드 기하학에서는 우리가 상식이라고 알고 있는 도형의 많은 성질이 성립하지 않아요. 앞에서 피타고라스 정리가 굉장히 중요하다고 이야기했지만 비유클리드 기하학의 세계에서는 성립하지 않죠.

실제로 우주에서는 피타고라스 정리가 통하지 않아요. 실제 공간은 휘어 있거든요. 그러나 근사적으로는 피타고라스 정리가 항상 성립하기 때문에 우리의 일상생활에는 별다른 지장이 없어요. 이상의 세계에서만 성립할 뿐 실제 세상에서는 성립하지 않는다는 사실이 무척 신기하죠! 수학의 세계는 알면 알수록 신비한 일로 가득하답니다.

저 번개는 얼마나 멀리서 쳤을까요?

우르릉 쾅쾅. 수업 중 갑자기 창밖으로 번개가 번쩍이고 천둥이 크게 쳤다.

"비가 많이 오려나 봐."

"우산 없는데 집에 어떻게 가지?"

다들 갑작스레 쏟아지는 비에 걱정이 이만저만이 아닌데, 문득 교수님의 눈빛이 반짝이더니 별안간 번개 이야기가 시작되었다.

천둥소리가 들리기까지 1, 2, 3초…

👓 : 방금 굉장히 멋있는 번개가 쳤어요! 다들 봤나요?

👩 : 뭔가가 부서지고 떨어지는 소리도 났어요!

👓 : 그 번개가 얼마나 멀리서 쳤는지 어떻게 알 수 있을까요?

🧑 : '거리=속도×시간'이니까…… 소리의 속도와 시간을 알면 될 것 같아요.

👓 : 소리의 속도는 약 초속 340m쯤 됩니다. 제가 초등학생 때 배웠던 것인데 아직도 잘 기억하고 있네요. 하하하. 번개가 보이고 나서 천둥소리가 들리기까지의 시간을 잽니다. 1, 2, 3초…. 예를 들어 천둥소리가 들리기

까지 3초가 걸렸다고 가정해 볼게요. 그러면 얼마나 멀리에서 번개가 친 걸까요?

👦 : 340m×3초니까 1,020m요.

🧑 : 네, 맞아요. 약 1km 떨어진 곳에서 번개가 쳤네요.

번개가 번쩍이면 수학 생각도 번쩍

👧 : 교수님께서는 평소에도 번개를 볼 때마다 늘 이렇게 계산을 하세요?

🧑 : 어른이 되고는 잘 안 하지만 어릴 때는 많이 했어요.

👧 : 어릴 때 이런 계산을 하셨다고요?

👩 : 우아! 역시 대단해요!

🧑 : 번개가 치고 나서 1, 2, 3초… 이렇게 세 보곤 했어요. 사실 더 정확하게 계산하려면 빛의 속도도 따져 봐야 하지만 여기서는 그러지 않았습니다. 왜일까요?

👦 : 빛이 너무 빨라서요.

🧑 : 정확해요. 번갯불이 여기에 오기까지는 0.00001초도 안 걸려요. 빛은 소리보다 훨씬 빠르니까요. 초속 30만km쯤 되죠. 그러니까 빛의 속도는 고려하지 않고 계산해도 된답니다.

세 번째 수업

내가 아직도 숫자로만 보이니?

피타고라스 세 쌍과 페르마의 마지막 정리

수학난제연구센터

오후 2시. 점심시간이 지나고 슬슬 식곤증이 찾아올 무렵, 고등과학원 1층 휴게실 군데군데 사람들이 모여 있다. 다들 뭔가를 먹으며 신나게 이야기하고 있네? 무슨 파티라도 있는 걸까? 주변을 기웃거려 보니 '커피 브레이크'라는 공식 쉬는 시간이라고 한다. 서로의 연구 내용을 공유하며 새로 진전된 부분이나 도무지 풀리지 않는 문제에 대한 의견을 '잡담'처럼 주고받는 것. 영화 〈히든 피겨스〉나 〈마션〉 속 수학자들처럼 숫자가 빼곡히 적힌 화이트보드 앞에서 즐겁게 토론하는 모습을 보니 감탄이 절로 나온다. 나도 오늘 수업에서 열심히 노트를 채워야지!

보람

교수님, 다음 주 월요일에 출국하시죠?

네, 벌써 시간이 그렇게 되었네요.
민형

주안

그럼 영국에서 교수님 일을
하시는 거예요?

영국에서 반, 한국에서 반
이렇게 하고 있어요.
민형

보람

이따 수업 끝나고 연구실 앞에서
다 같이 사진 찍을까요?

수학난제연구센터 팻말 앞에서
같이 찍어요.
아인

주안

수학난제연구센터 글자
잘 나오게 찍어야겠다!

주안이 옆에 서지 말아야지.
키 차이 너무 나서 싫어.
아인

Part 1

수학에서는
무엇을 공부할까요?

오늘은 조금 이상한 질문으로 수업을 시작해 볼게요. **수학은 무엇을 공부하는 과목일까요?**

"문제를 푸는 방법이요!"

좋은 대답이에요. 하지만 수학에서만 문제를 푸는 건 아니에요. 학교에서 시험을 볼 때 어떤 과목이든 다 문제를 풀죠? 우리는 학교뿐만 아니라 다른 데서도 문제를 풀고 있어요. 살아가면서 풀어야 하는 문제도 많으니까요. 예를 들어 목적지까지 가는 데 가장 효율적인 방법이 무엇인지, 게임에서 이기려면 어떤 전략이 좋을지 등등의 상황에 문제 풀이가 필요하죠.

여러분이 나중에 건축가가 되어서 집을 짓는다든지 의사가 되어서 환자의 병을 고치려고 해도 풀어야 할 문제가 많을 거예요. 어떻게 해야 집을 튼튼하게 지을 수 있을지, 어떤 약을 사용해야 병을 치료할 수 있을지 하는 문제들이요. 이렇게 우리는 이미 많은 문제를 풀며 살고 있는데, 왜 유독 사람들은 '수학'이라고 하면 '문제'를 가장 먼저 떠올릴까요?

"수학이 어려워서요."

맞아요. 수학을 어렵다고 느끼는 사람이 많아서일 거예요. 수학자인 저 역시도 정확한 답은 모르겠지만 이런 이유도 있을 것 같아요. 수학은 많은 학문 중에서도 굉장히 오래된 학문이거든요. 우리가 학교에서 배울 정도로 체계화된 학문 중에는 비교적 최근에 만들어진 과목도 많아요. 예를 들어 경제학 같은 경우가 그렇죠. 특정한 과목으로 분류되기까지 꽤 오랜 시간이 걸렸으니까요.

그런데 수학은 인간이 체계적으로 공부하기 시작한 지 상당히 오래된 학문이라 교육 과정에서 다룰 유용한 문제가 많이 쌓였어요. 수천 년 동안 각종 문제를 쌓아 올리면서 공부한 전통이 강해서 '수학'이라고 하면 자연스럽게 '문제'를 떠올리는 것 같아요. 영국의 대학교들에서는 좋은 수학 문제를 많이 만들어서 '문제 은행'처럼 모아 두는 것을 중요하게 생각하고 있답니다.

자, 다시 처음의 질문으로 돌아갈게요. 그렇다면 **수학 공부란 뭘**

까요? 앞에서 다양한 분야에서 문제를 풀고 있다고 이야기했는데, 문제를 푸는 것 자체보다는 '무엇에 관한 문제를 푸느냐'가 그 분야를 정하잖아요? 그럼 수학에서는 무엇에 관한 문제들을 풀까요?

"어려운 질문 같아요, 교수님."

단순하게 생각해 보세요. 전혀 어려운 질문이 아니랍니다.

"음…… 숫자요!"

그렇죠. 수학에는 '수'가 많이 나오잖아요. 그러니까 수에 관한 문제를 많이 풀겠죠. 참, 여기서 한 가지 짚고 넘어갈게요. 저는 '수'와 '숫자'를 구분해서 이야기해요. 수와 숫자는 어떻게 다를까요? 힌트를 줄게요.

1, 2, 3, 4…

一, 二, 三, 四…

I, II, III, IV…

한자로 쓴 숫자와 로마자로 쓴 숫자의 모양이 서로 다르죠? '숫자(數字)'라는 단어에서 '자(字)'는 '글자'를 뜻하는 한자입니다. 한자와 로마자의 숫자는 서로 다른 모양이지만 그 의미는 같잖아요. 그러니까 이 숫자들이 표현하는 것은 수이지, 숫자 자체가 곧 수는 아니랍니다.

예를 들어 한글로 '나무'라고 쓰고 알파벳으로 'tree'라고도 써 볼게요. 이 둘은 서로 다른 모양의 단어잖아요? 그런데 표현하는 의미는 서로 같죠.

나무

tree

이런 식으로 따지면 수를 여러 방식으로 보여 줄 수 있어요. 그 림으로 보여 줄 수도 있고, 고양이 한 마리, 두 마리, 세 마리… 이 런 식으로도 표현할 수 있고요. 그러니까 우리는 세상에 있는 수들 을 글자 형태로 표현할 때 숫자를 사용합니다. 우리 수업에서는 주 로 수에 관해서 이야기하려고 해요.

수학은 수를 공부하는 학문이라고 했죠. 그런데 수학에서 수만 공부하지는 않아요. 앞의 수업들에서는 우리가 무엇을 보면서 이 야기를 나누었죠?

"모양이요."

네, 여러 모양을 보면서 그림도 많이 그렸어요. 예로부터 **수학은 '수'와 '모양'을 공부하는 학문**이라고 했어요. 이는 '수학이 무엇이냐'

라는 질문에 대한 가장 쉬운 답변이기도 하죠. 물론 수학은 다루는 영역이 계속해서 확장되고 있고, 옛날에 공부하던 것이 잊히기도 하면서 굉장히 복잡하게 변화하고 있기는 하지만요.

흥미롭게도 모양을 공부하다 보면 수가 나타나는 경우가 꽤 많아요. 언제 그럴까요?

"길이나 넓이를 배울 때요."

그렇죠! 앞의 수업에서도 길이와 넓이를 측정했었죠. 이렇게 모양에 관해 공부하다 보면 어느새 수가 나타나는 일이 많은 이유는 모양과 수의 공부가 밀접하게 연결되어 있기 때문이에요. 길이, 넓이, 부피 같은 것은 비교적 상식적인 양(量)의 수라고 할 수 있는데, 모양을 공부하다 보면 '이상한 수'가 나오기도 합니다. 우리가 앞에서 만난 이상한 수가 생각나나요?

"오일러 수요!"

맞아요. 오일러 수가 이상한 이유는 길이, 넓이, 부피 같은 것이 아닌데도 모양의 어떤 측면을 표현하기 때문입니다. '구와 토러스의 위상이 같은지 증명하라'는 문제를 예로 들어 볼게요. 이 경우에 현대 수학에서는 답을 내기 위해 오일러 수를 사용해요. 오일러 수가 구는 2이고, 토러스는 0이기 때문에 둘의 위상은 다르다고 확실히 말할 수 있습니다.

이처럼 오일러 수는 모양의 어떤 성질을 나타내는데, 이것을 모양의 '위상'이라고 한다는 사실을 기억하죠? 오일러 수는 길이, 넓이, 부피 등등의 것들보다 더 수준 높은 수인 것 같아요. 이렇듯 모양에 관한 공부와 수에 관한 공부는 여러 가지로 이상하게 얽혀 있답니다.

피타고라스의 세 친구를 찾아라 1

오일러 수처럼 **모양을 공부하다 보면 수가 나타나는 경우**가 있습니다. 그런데 사실 제가 연구하는 수학 분야에서는 **수를 공부하다 보면 모양이 나타나는 경우**가 더 많습니다. 다음의 예를 함께 살펴볼까요?

$$x^2 + y^2 = z^2$$

우리는 이런 식을 **방정식**이라고 부릅니다. 왜 방정식이란 이름이 붙었을까요?

"식을 풀어야 해서 그런 것 아닐까요?"

네, 방정식은 풀기를 바라는 식입니다. 그럼 $x^2+y^2=z^2$ 이 식은 어떻게 풀까요?

"이 등식을 만족하는 x, y, z의 값을 찾으면 될 것 같아요."

"아, 그럼 $x=0$, $y=0$, $z=0$이면 되겠다!"

$0^2+0^2=0^2$이니까 등식이 성립하네요. 이런 식으로 등식이 성립하는 x, y, z 값을 더 찾아볼까요? 또 어떤 해가 있을까요?

"$x=1$, $y=0$, $z=1$도 돼요."

그것도 좋네요! 저는 이런 해를 생각해 봤어요. $x=2$, $y=0$, $z=2$는 어떤가요? $2^2+0^2=2^2$이니까 식이 성립하네요. **일반적으로 $y=0$인 경우, x와 z가 같은 수이면 식이 성립합니다.**

"교수님, y 대신 x가 0이어도 되지 않을까요? $x=0$, $y=1$, $z=1$일 때도 식이 성립해요."

잘 찾았어요. 사실 이 방정식에서는 x와 y의 역할을 마음대로 바꿀 수 있습니다. 해가 음수인 경우에도 마찬가지예요. $x=-1$, $y=0$, $z=-1$일 때도 식은 성립하죠. 음수를 제곱하면 어차피 양수가 되므로 x, y, z 값 중 무엇의 부호를 바꾸어도 식이 성립하는 데는 영향을 미치지 않습니다.

$$x=-1,\ y=0,\ z=-1 \rightarrow (-1)^2+0^2=(-1)^2$$

지금까지 살펴본 결과로는 x, y, z의 값 중 하나 이상이 0일 때 방정식의 해를 손쉽게 구할 수 있습니다. 이제 조금 더 어렵지만 그만큼 재미있는 문제를 풀어 볼 텐데요. 바로 x, y, z 값 중 어느 것도 0이 아닌 해를 찾는 문제입니다. 예를 들어 이런 경우가 있겠죠. $x=1$, $y=1$, $z=\sqrt{2}$일 때도 방정식은 성립합니다.

$$x=1, \ y=1, \ z=\sqrt{2} \ \rightarrow \ 1^2+1^2=\sqrt{2}^{\ 2}$$

우리는 이미 루트, 즉 제곱근을 알고 있으니까 이것을 이용해서 얼마든지 해를 만들 수 있어요. 만약 $x=3$, $y=5$라면 z 값은 어떻게 구할까요?

"$3^2+5^2=z^2$이니까 여기에 루트를 씌우면 z를 구할 수 있어요."

"$z=\sqrt{3^2+5^2}=\sqrt{9+25}=\sqrt{34}$ 예요."

맞습니다. x, y를 아무 값으로나 잡은 뒤 $z=\sqrt{x^2+y^2}$을 계산하여 z 값을 구하는 작전이에요. 역사를 거슬러 올라가면 제곱근을 잘 모르던 시대도 있었어요. 그 당시 사람들은 이런 간편한 방법을 상상하지 못했겠죠.

방정식의 해에 관해서 이야기할 때 '어떤 종류의 해'를 원하느냐에 따라서 문제의 성질이 상당히 달라진다는 사실을 지금까지 살펴봤습니다. 이제부터는 x, y, z 모두 0이 아니면서 **간단한 종류의 수인 해들**만을 찾도록 하겠습니다.

"간단한 종류의 수가 뭔가요, 교수님?"

하하하. 간단하다는 말 뒤에 '수'가 붙으니 어려워 보이죠? '간단한 종류의 수'가 어떤 수를 가리키는지 한 가지 힌트를 줄게요. 학교에서 수학 시간에 가장 먼저 배우는 간단한 수가 무엇이죠?

"자연수요!"

그렇습니다. 이제부터 우리는 $z=\sqrt{x^2+y^2}$ **을 만족하면서** x, y, z **모두 자연수인 해**를 찾을 거예요. 루트 때문에 z 값이 자연수가 되기는 쉽지 않아 보이네요. 그래도 이 조건을 만족하는 x, y, z 숫자 조합을 한번 찾아볼까요?

"하아…… 아무리 계산해도 z는 계속 루트 값이 나와요."

"앗, 찾았어요! $x=3$, $y=4$이면 돼요."

"정말? $\sqrt{3^2+4^2}=\sqrt{9+16}=\sqrt{25}=5$니까 진짜 x, y, z가 다 자연수네!"

$x=3$, $y=4$, $z=5$니까 모두 자연수 해가 맞네요. 이제부터는 보기 쉽게 이런 해를 (3, 4, 5) 이렇게 쓸게요. 또 다른 예가 있을까요?

"(6, 8, 10)이요!"

점점 목소리가 커지는 것을 보니 다들 신나게 해를 찾고 있는 것 같네요. $\sqrt{6^2+8^2}=\sqrt{36+64}=\sqrt{100}=10$이니까 방정식이 성립합니다. 그런데 이 경우 새로운 해라고 할 수는 없어요. (a, b, c)라는 해가 있을 때 $(2a, 2b, 2c)$, $(3a, 3b, 3c)\cdots$ 이런 식으로 x, y, z에 같은 자연수를 곱한 배수라면 완전히 새로운 해라고 할 수 없습니다.

"또 찾았어요! $(5, 12, 13)$이요!"

아주 잘했어요. 이 해는 $(3, 4, 5)$의 배수가 아니므로 새로운 해라고 할 수 있겠네요.

이제 모두 방정식 $x^2+y^2=z^2$의 자연수 해를 잘 찾게 되었네요!

방정식은 무슨 뜻일까요?

수학을 공부할수록 방정식의 개념은 점점 다양하고 심오해집니다. 코로나19 바이러스의 확산 추이를 짐작하려면 방정식을 사용해야 하고, 태양계 행성의 궤도를 찾는 데에도 '뉴턴 방정식'이 필요하죠. 아주 작게는 원자들이 만족하는 방정식을 두고 '슈뢰딩거 방정식'이라고 하고, 아주 크게는 우주의 모양이 만족하는 '아인슈타인 방정식'이 있습니다.

방정식은 마치 수수께끼와 같아요. 모르는 수의 성질을 구체적으로 나열하면서 수식으로 표현할 때 방정식이 나타나거든요. 예를 들어 '어떤 수를 자기 자신과 곱했더니 81이 되었다. 원래의 수는 무엇일까?'라고 질문해 봅시다. 쉽게 답을 구할 수 있겠죠? 바로 9입니다. 이를 방정식으로 표현하면 x^2=81의 해를 구한 것이죠.

이보다 더 복잡한 수수께끼를 풀어 볼까요? 어떤 농장에 말, 소, 돼지 이렇게 세 종류의 동물이 있는데, 그중 동물 세 마리만 빼면 모두 말이고, 네 마리를 빼면 모두 소고, 다섯 마리를 빼면 모두 돼지입니다. 이때 말, 소, 돼지는 각각 몇 마리일까요?

몇 마리인지 쉽게 파악하기 위해 말, 소, 돼지의 마릿수를 각각 H, C, P라고 부르겠습니다. 그렇다면 모든 동물의 수는 이것들의 합인 H+C+P가 되겠죠? 그다음으로 우리가 알고 있는 조건들을 덧붙여 보겠습니다.

세 마리를 제외하고 모두 말이라는 사실은 H+C+P−3=H라고 표현할 수 있습니다.

이와 마찬가지로 소와 돼지의 경우도 각각 H+C+P−4=C, H+C+P−5=P라는 등식이 성립합니다.

이를 정리하면 H, C, P 사이에 다음의 등식이 성립함을 알 수 있습니다.

$$C+P=3, \quad H+P=4, \quad H+C=5$$

이제 H, C, P의 값이 얼마인지 여러분 스스로 답을 구해 보세요.* 모든 수를 일일이 대입해 맞춰도 되겠고, '연립 방정식'에 익숙하다면 좀 더 체계적으로 풀어도 좋습니다.

* 정답 : 말(H) 3마리, 소(C) 2마리, 돼지(P) 1마리.

피타고라스의
세 친구를 찾아라 2

$x^2+y^2=z^2$**의 자연수 해를 찾는 과제**는 사람들이 아주 오래전부터 연구한 수학 문제입니다. 옛날 사람들은 이 자연수 해를 **피타고라스 세 쌍**(Pythagorean Triple)이라고 불렀어요. 왜 이렇게 불렀을까요?

"피타고라스 정리와 관계있을 것 같아요."

피타고라스 정리는 무엇에 관한 정리였죠?

"직각 삼각형에 관한 정리요!"

그러면 다음의 직각 삼각형을 함께 보면서 좀 더 이야기해 볼게요. 변의 길이가 각각 a, b, c인 직각 삼각형이 있어요. a, b, c 사이의 관계를 식으로 표현해 볼까요?

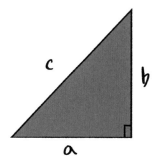

"$a^2+b^2=c^2$이요."

그렇죠. 이것이 바로 피타고라스 정리인데, 다만 한 가지 조심할 점이 있어요. 우리가 지난 수업에서 배웠듯이 피타고라스 정리가 항상 성립하지는 않습니다. 언제 성립하지 않죠?

"지구상에 있는 직각 삼각형에서는 성립하지 않아요."

네, 한마디로 **피타고라스 정리는 평면에서만 성립합니다.** 오늘 수업에서는 복잡한 문제를 피하고자 평면상의 직각 삼각형만 다룰게요. 다시 그림의 직각 삼각형으로 돌아가서 $a=1$, $b=1$이라고 가정할 때 c의 길이를 구해 볼까요?

"$\sqrt{2}$요."

맞는지 확인해 볼까요? 피타고라스 정리를 써서 계산하니 $c=\sqrt{1^2+1^2}=\sqrt{2}$가 맞네요. 한 번만 더 확인해 볼게요. 만약 $a=2$,

$b=1$이면 c의 길이는 어떻게 될까요? $\sqrt{2^2+1^2}=\sqrt{5}$입니다. 지난 수업에서 평면상에 좌표가 주어진 경우 이런 식으로 두 점 사이의 거리를 구했죠.

길이에 자꾸 루트가 등장하니 복잡해 보이죠? 계산하기 귀찮기도 하고요. 우리와 마찬가지로 고대 사람들도 이런 생각을 했을 거예요. **혹시 세 변의 길이가 모두 자연수인 간단한 직각 삼각형을 찾을 수 있을까?** 그런데 이 조건 말이에요, 어디선가 들어 본 것 같지 않나요?

"방금 본 방정식!"

"방정식 $x^2+y^2=z^2$의 자연수 해를 찾는 문제와 같아요!"

모두 눈치챘듯이 방정식 $x^2+y^2=z^2$은 피타고라스 정리 $a^2+b^2=c^2$과 생김새도 서로 비슷하죠? 방정식의 자연수 해를 구할 때와 같은 원리로 피타고라스 세 쌍도 구할 수 있어요. 그러니까 **같은 문제를 '수와 방정식에 관한 문제'로 해석할 수도 있고, '직각 삼각형에 관한 문제'로 해석할 수도 있는 셈이죠.**

그렇다면 우리가 앞에서 찾은, 방정식의 자연수 해 (3, 4, 5)와 (5, 12, 13)은 자동으로 피타고라스 세 쌍이 됩니다. 더불어 (3, 4, 5)의 배수로 만든 해들도 생각해 볼게요. 세 변의 길이가 (3, 4, 5)인 삼각형과 (6, 8, 10), (9, 12, 15)인 삼각형들은 어떤 관계일까요?

서로 크기만 다르고 모양은 같은 삼각형들이에요.

"닮은꼴 삼각형이요."

네, 닮은꼴 관계가 됩니다. 닮은꼴을 계속 만드는 것은 별 의미가 없으니까 완전히 새로운 삼각형과 대응되는 피타고라스 세 쌍을 찾아볼게요. 고대 바빌로니아와 이집트 사람들은 피타고라스 세 쌍을 상당히 신기하게 여겼다고 해요. 만들기 어려우니까요. 그래서 새로운 쌍을 발견하면 무척 흥미로워했다는 기록이 남아 있습니다. 고대부터 오늘날까지 사람들이 어렵게 찾아낸, 완전히 새로운 피타고라스 세 쌍을 함께 살펴볼게요.

$(20, 99, 101)$	$(60, 91, 109)$	$(15, 112, 113)$	$(44, 117, 125)$
$(88, 105, 137)$	$(17, 144, 145)$	$(24, 143, 145)$	$(51, 140, 149)$
$(85, 132, 157)$	$(119, 120, 169)$	$(52, 165, 173)$	$(19, 180, 181)$
$(57, 176, 185)$	$(104, 153, 185)$	$(95, 168, 193)$	$(28, 195, 197)$
$(84, 187, 205)$	$(133, 156, 205)$	$(21, 220, 221)$	$(140, 171, 221)$
$(60, 221, 229)$	$(105, 208, 233)$	$(120, 209, 241)$	$(32, 255, 257)$
$(23, 264, 265)$	$(96, 247, 265)$	$(69, 260, 269)$	$(115, 252, 277)$
$(160, 231, 281)$	$(161, 240, 289)$	$(68, 285, 293)$	……

물론 이것들은 피타고라스 세 쌍의 일부입니다. 그중에서 마음에 드는 것을 하나 골라 볼까요? 과연 피타고라스 세 쌍이 진짜로 맞는지 확인해 보는 겁니다. 큰 수니까 계산기를 써도 좋아요. 저는 $(68, 285, 293)$이 마음에 드네요.

$$\sqrt{68^2 + 285^2} = \sqrt{4624 + 81225} = \sqrt{85849}$$
$$\sqrt{85849} = ?$$

계산기로 $\sqrt{85849}$를 계산하면 자연수 293이 나옵니다. $(68, 285, 293)$은 피타고라스 세 쌍이 맞네요. 이러한 자연수 해를 찾기가 얼마나 어려운지 알고 싶다면 자연수 a, b 값을 마구잡이로 바꾸면서 $\sqrt{a^2 + b^2}$을 구해 보세요. c 값이 루트가 없는 자연수인 경우는 거의 없음을 매우 절실하게 알 수 있을 거예요.

언제부터 사람들이 이렇게 세 쌍의 숫자들을 만들기 시작했는지는 확실하지 않아요. 최근에는 기하학을 사용해서 피타고라스 세 쌍을 만들고 있답니다.

"아아, 다 발견된 게 아니군요."

"기하학을 쓰면 이런 조건의 직각 삼각형을 만들기가 더 쉬운가요?"

보통은 직각 삼각형을 어떻게 만들죠? 먼저 세 변의 길이를 정해야겠죠. 그 길이는 다 자연수여야 하고요. 세 변의 길이가 모두 자연수인 삼각형은 다음 그림처럼 쉽게 만들 수 있어요.

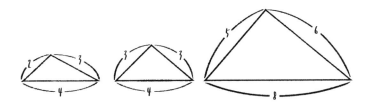

그런데 뭔가 이상하죠?

"어라? 모두 직각 삼각형이 아니에요."

세 변의 길이가 모두 자연수이면 직각 삼각형이기 어렵고, 직각 삼각형일 때는 세 변의 길이가 모두 자연수인 경우가 드물어요. 그러니까 이 문제를 풀려면 무작정 부딪히기보다 기하학 공부가 필요하답니다. 지금부터 기하학 공부를 더 해 볼게요. 어렵지 않으니 가벼운 마음으로 따라오세요!

Part 2

원이 뭐냐고 물으신다면

여러분, 혹시 **원의 방정식**을 알고 있나요?

"아니요. 처음 들어요."

몰라도 괜찮습니다. 지금부터 함께 배울 테니까요.

수학을 공부하는 방법은 두 가지가 있어요. 첫째, 학교에서 체계적으로 배울 수 있어요. 둘째, 자유롭게 상상하고 생각하면서 배우기도 합니다. 첫 번째가 연습 문제를 많이 풀고 시험도 보면서 수학을 정확하게 이해하는 방법이라면, 두 번째는 수학적 사실을 마주쳤을 때 스스로 생각해 보면서 자연스럽게 익히는 방법이에요.

두 방법 모두 굉장히 중요한데, 오늘은 두 번째 방법으로 원의 방정식을 배울 거예요. 이 수업에서 먼저 맛을 보고 나면 나중에 학교에서 철저히 배울 때 분명 도움이 될 거예요. 이번 수업에서 필요한 것은 앞에서 배운 **좌표**의 개념과 **피타고라스 정리**뿐입니다. 그러니 가벼운 마음으로 출발해 볼까요?

먼저 다음과 같이 두 개의 좌표축을 그려 보겠습니다. $y=x^2$은 어떤 방정식일까요?

"이차 방정식이요."

그럼 이 이차 방정식의 그래프를 좌표 평면에 그리면 어떤 모양이 나올까요?

"영점을 지나면서 아래로 볼록한 이차 함수 그래프가 나와요."

이런 종류의 곡선을 **포물선**이라고 부릅니다. 그리고 **이 포물선 모양이 $y=x^2$이라는 방정식을 표현한다**고 말해요. 그래프 위에 있는 점들의 좌표가 모두 이 방정식을 만족한다는 뜻입니다. 예를 들어 점 $(1, 5)$는 이 그래프 위에 놓여 있을까요?

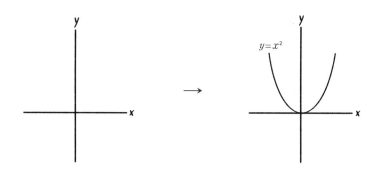

"안 놓여 있어요."

맞아요. $y=x^2$ 식에 대입하면 $5 \neq 1^2$이니까요. 그럼 점 (3, 9)는 어떨까요?

"$9=3^2$이니까 놓여 있어요."

그렇죠. 점 (-1, 1)은 어때요? $1=(-1)^2$이니까 역시 그래프 위에 놓여 있습니다. 이 방정식의 그래프를 그린다는 건, 점 (3, 9), (-1, 1)과 같이 방정식을 만족하는 모든 점을 쭉 그리는 겁니다.

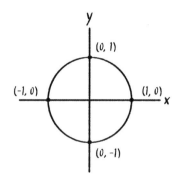

그럼 이제 본격적으로 원의 방정식에 관해 알아볼게요. 그림처럼 반지름이 1인 원의 방정식은 어떨까요?

이 원 위에 있는 임의의 점 (a, b)가 만족하는 방정식을 찾아보겠습니다. 예를 들어 (3, 1)이라는 점은 원 위에 놓여 있을까요?

"아니요."

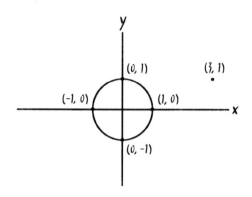

네, 안 놓여 있습니다. 답을 어떻게 알았죠?

"원의 반지름이 1인데 점 (3, 1)은 그 바깥에 위치하니까요."

그렇죠. 이 그래프는 (1, 0)과 (0, 1)을 지나는 원 모양이기 때문에 점 (3, 1)은 지날 수 없다는 사실을 금방 알 수 있습니다.

이번에는 조금 어려운 질문을 해 볼게요. 점 $\left(\frac{1}{2}, \frac{2}{3}\right)$는 이 원 위에 놓여 있을까요, 안 놓여 있을까요?

"놓여 있을 것 같아요."

"저는 잘 모르겠어요."

수학적 질문에 관한 답을 구할 때는 정확하게 개념을 복습하는 것이 도움이 될 때가 있어요. 이 경우에도 근본 개념부터 짚어 보려고 합니다. 원의 정의는 무엇일까요? 원은 무엇을 의미할까요?

"음…… 곡선으로 둘러싸인 도형?"

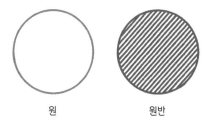

원 원반

참, 여기서 말하는 '원'은 곡선 부분만을 가리킵니다. 곡선 내부까지 포함할 때는 '원반'이라고 구분해서 말할게요.

지금 우리가 찾아야 하는 것은 둘레 곡선의 정의입니다. 이 곡선은 어떤 규칙을 가진 점들의 집합일까요?

"음……."

질문이 조금 어려웠나요? 힌트를 줄게요. 여러분은 원을 그릴 때무슨 도구를 쓰죠?

"컴퍼스요."

컴퍼스의 한 다리를 고정한 채 다른 다리를 한 바퀴 빙 돌려서 원을 그리죠. 이렇게 그린 원은 중심으로부터 같은 거리에 있는 모든 점을 모아 놓은 도형입니다. 이때 중점을 p, 반지름을 r이라고 하면 원을 어떻게 정의할 수 있을까요?

"중점 p에서부터 거리가 r인 모든 점의 집합이요."

아주 잘 정리했어요! 이제 원의 방정식으로 돌아가 보겠습니다.

단서 1:
눈을 동그랗게 뜨고 보세요

다음 그림과 같은 원이 있습니다. 이 원에서 중점 p는 원점이에

요. 원점의 좌표는 뭐죠?

"(0, 0)이요."

그리고 반지름 r의 길이는요?

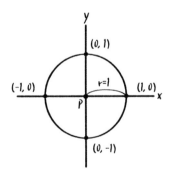

"$r=1$이요."

네, 맞습니다. 방금 배운 원의 정의를 다시 연습해 볼게요. 그러니까 이 원은 어떤 점들의 집합이라고요?

"원점으로부터 거리가 1인 모든 점의 집합이요."

그렇다면 점 $\left(\dfrac{1}{2}, \dfrac{2}{3}\right)$가 이 원 위에 있는지 어떻게 알 수 있을까요?

"원점으로부터 거리가 1인지 아닌지 확인해 보면 돼요."

그렇죠. 그럼 어떻게 확인할까요? 앞에서 우리가 거리를 계산할 때 무엇을 사용했죠?

"피타고라스 정리를 써요!"

그렇죠! 피타고라스 정리로 원 위에 있는 점인지 아닌지 확인해 볼까요? 피타고라스 정리를 사용해서 계산하면 다음과 같은 결과가 나옵니다.

$$\sqrt{\left(\dfrac{1}{2}\right)^2 + \left(\dfrac{2}{3}\right)^2} = \sqrt{\dfrac{1}{4} + \dfrac{4}{9}} = \sqrt{\dfrac{9}{36} + \dfrac{16}{36}} = \sqrt{\dfrac{25}{36}} = \dfrac{5}{6}$$

원점부터 점 $\left(\dfrac{1}{2}, \dfrac{2}{3}\right)$까지의 거리가 $\dfrac{5}{6}$이면 이 점은 원 위에 놓여 있나요, 안 놓여 있나요?

"안 놓여 있어요."

이렇게 좌표를 이용하면 참 편리하죠? 원 위에 놓여 있는 점인지 아닌지 지금처럼 계산만으로 알 수 있으니까요.

이제 원리는 같지만 조금 추상적인 이야기를 해 보려고 해요. (a, b)라는 점이 이 원 위에 놓이려면 반드시 어떤 식을 만족해야 합니다. 그 식이 무엇일까요?

"$\sqrt{a^2+b^2}=1$이요."

이 방정식은 어떤 뜻일까요? 수식을 말로 표현해 볼까요?

"원점에서 점 (a, b)까지의 거리가 1이다."

그렇습니다. 수학을 공부하면서 이런 연습을 많이 하는 게 좋아요. 어떤 등식을 보고 그 뜻을 말로 표현하는 연습이에요. 내가 왜 이런 식을 썼는지 스스로 점검해 보는 거죠.

방금 살펴본 $\sqrt{x^2+y^2}=1$ 형태의 식이 바로 **원의 방정식**입니다. 다시 말해 중심이 원점이고 반지름이 1인 원의 방정식이에요. 이 식을 만족하는 점들이 모두 모이면 반지름이 1인 원이 만들어집니다. 그런데 루트가 있으면 거추장스러우니까 양쪽을 제곱해서 루트를 없앨 수 있어요. $x^2+y^2=1$ 이렇게요.

조금 더 익숙해질 수 있도록 다른 예도 살펴볼게요. 중점이 원점이고 반지름이 2인 원의 방정식은 어떻게 될까요?

"$\sqrt{x^2+y^2}=2$요."

그렇죠. 여기서 루트를 없애 볼까요?

"양쪽을 제곱하니까, $x^2+y^2=4$요."

중점이 원점이고 반지름이 10이면 어떨까요?

"$x^2+y^2=100$이요."

이제 여러분은 원의 방정식을 다 배운 거예요. 생각보다 쉽죠? 처음에는 원의 개념을 자세히 짚어 보느라 머리가 아팠겠지만, 그 개념만 잘 기억하면 원의 방정식은 쉽게 이해할 수 있어요.

반지름이 1인 원 위의 점을 하나 더 찾아볼게요. 점 $\left(\dfrac{3}{5}, \dfrac{4}{5}\right)$는 원 위에 놓여 있을까요? 한번 계산해 보세요.

"놓여 있어요. $\left(\dfrac{3}{5}\right)^2+\left(\dfrac{4}{5}\right)^2=\dfrac{9}{25}+\dfrac{16}{25}=\dfrac{25}{25}=1$이니까요."

네, 이런 식으로 어떤 점이 원 위에 놓여 있는지 아닌지를 계산으로 확인할 수 있습니다. **피타고라스 세 쌍**을 보면서 우리가 관심을 가졌던 문제는 $a^2+b^2=c^2$**에서** a, b, c**가 자연수여야 한다**는 점이었습니다. 그런데 조금 어려웠죠? c 값을 구하려면 a^2+b^2에 루트를 취해야 하니까요($\sqrt{a^2+b^2}$). **만약 이때 루트를 취하는 대신 양변을** c^2**으로 나누면 어떨까요?**

"$\dfrac{a^2}{c^2}+\dfrac{b^2}{c^2}=\left(\dfrac{a}{c}\right)^2+\left(\dfrac{b}{c}\right)^2=1$이 돼요."

이 방정식은 점 $\left(\dfrac{a}{c}, \dfrac{b}{c}\right)$에 관하여 무슨 이야기를 하고 있죠?

"점 $\left(\dfrac{a}{c}, \dfrac{b}{c}\right)$는 반지름이 1인 원 위에 있어요!"

그렇죠! 정확히 그 뜻이에요. 그럼 a, b, c가 모두 자연수가 되려면 $\frac{a}{c}$ 와 $\frac{b}{c}$ 는 어떤 수여야 할까요? 분수가 되어야겠죠? 다른 말로는, **유리수**여야 한다고도 할 수 있겠네요.

정수와 분수를 통틀어 유리수라고 한답니다. 정수는 음의 정수와 0 그리고 양의 정수를 합한 것이고, 분수는 정수 a를 정수 $b(b \neq 0)$로 나누어 $\frac{a}{b}$ 형태로 표현한 것을 말합니다. 유리수와 분수를 같은 의미로 쓸 때가 많아요.

유리수: 정수, 분수

정수: 음의 정수(-1, -2, -3···), **0, 양의 정수**(1, 2, 3···)

분수: 정수 a를 정수 $b(b \neq 0)$로 나누어 $\frac{a}{b}$ 형태로 표현한 것

정리하면, $\left(\frac{a}{c}\right)^2 + \left(\frac{b}{c}\right)^2 = 1$ 처럼 원 위에 있으면서 유리수 좌표를 가진 점을 찾으면 $a^2 + b^2 = c^2$ 의 자연수 해를 쉽게 구할 수 있습니다. 둘은 표현 방식만 다를 뿐 결국 같은 식이니까요.

예를 들어 (r, s) 라는 점이 있어요. r과 s가 유리수면 정수 a, b, c에 대해서 이런 꼴로 표현할 수 있습니다($r \neq 0$).

$$r = \frac{a}{c}, \ \ s = \frac{b}{c}$$

이렇게 통분을 해서 분모 값을 같게 놓을 수 있습니다. 그런데 점 (r, s)가 반지름이 1인 원 위에 놓여 있다면 $\left(\frac{a}{c}\right)^2 + \left(\frac{b}{c}\right)^2 = 1$이라는 뜻이 되겠죠. 이 식을 $a^2 + b^2$의 형태로 정리하면 어떻게 될까요?

"$a^2 + b^2 = c^2$이요."

그러니까 이 원리를 이용하면 방정식 $a^2 + b^2 = c^2$을 만족하는 자연수 해를 구할 수 있어요. **피타고라스 세 쌍을 구하는 문제와 원 위의 유리수 점을 구하는 문제는 같다**는 사실을 꼭 기억하길 바라요.

단서 1:

✔ 눈을 동그랗게 뜨고 원의 관점에서

피타고라스 정리를 살펴보세요.

피타고라스 정리 $a^2 + b^2 = c^2$을

$\left(\frac{a}{c}\right)^2 + \left(\frac{b}{c}\right)^2 = 1$**이라는 원의 방정식 형태로 정리!**

단서 2:
직선과 원을 만나게 해요

　이제 원 위의 유리수 점을 어떻게 구하는지 자세히 살펴볼 차례예요. 혹시 **직선의 방정식**이라고 들어봤나요?

　"일차 방정식 아닌가요?"

　네, 일차 방정식이에요. 예를 들어 (−1, 0)이라는 점을 지나고 기

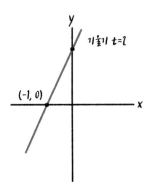

울기가 2인 직선이 있어요. 이 직선의 방정식을 만들어 볼까요?

"직선의 기본 식 $y=ax+b$에서 a가 기울기이니까 $2x$예요."

"거기에 (-1, 0)을 대입하면, $0=2×(-1)+b$니까 $b=2$가 나와요! $y=2x+2$예요."

여기까지 참 잘했어요. 이제 이것을 일반적인 식으로 정리해 볼게요. 점 (-1, 0)은 그대로고 기울기가 t라고 한다면 방정식이 어떻게 되죠?

"$y=tx+t$요."

기울기가 t이니까 $y=tx+b$인데, 점 (-1, 0)을 지나니 $b=t$가 되겠죠. $y=tx+t$에서 각 항에 t가 똑같이 들어가니까 $y=t(x+1)$로 더 간단하게 쓸 수 있어요.

이번에는 점 (-1, 0)을 지나면서 기울기가 10인 직선을 그려 보려고 합니다. 직선의 방정식에 대입하면 $y=10(x+1)$이 되겠네요. 반지름이 1인 원의 방정식은 어떤 꼴이라고 했죠?

"$x^2+y^2=1$이요."

여기서는 직선과 원이 만나는 교점(交點, Intersection Point)의 좌표를 구하려고 해요.

직선의 방정식 $y=10(x+1)$과 원의 방정식 $x^2+y^2=1$을 그림으로 표현하면 다음과 같습니다.

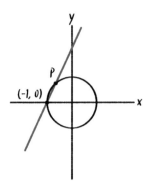

그림을 보니 직선과 원이 만나는 점이 두 개가 있는데, 하나는 우리가 이미 그 좌표를 알고 있습니다.

"(-1, 0)이요."

이제 다른 한 점의 좌표를 구해 보겠습니다. 이 점 p의 좌표를 (m, n)이라고 할게요. **p가 직선의 방정식과 원의 방정식을 동시에 만족시킨다는 사실을 이용해서 좌표를 구합니다.**

먼저 직선의 방정식 $y=10(x+1)$에 (m, n)을 넣으면 $n=10(m+1)$이 됩니다. m을 구하면 n은 쉽게 알 수 있겠죠? 다음으로 원의 방정식을 확인합니다. 점 (m, n)은 원 위에 놓여 있으므로 $m^2+n^2=1$도 만족해야 합니다.

$$n=10(m+1)$$
$$m^2+n^2=1$$

이렇게 두 가지 조건이 우리에게 주어졌습니다. 이제 어떻게 하면 좋을까요?

"음…… 저라면 직선의 방정식의 n을 원의 방정식에 대입할 것 같아요."

좋은 생각이에요! 그렇게 하면 원의 방정식을 m에 관한 식으로 정리할 수 있으니까요. 그게 이 문제의 핵심입니다. 지금 우리가 모르는 값이 m, n 두 개인데, 다행히 두 가지 조건만 만족시키면 되잖아요? 그 조건을 적당히 배합하면 m, n 값을 구하는 방법이 나옵니다.

여러분이 말한 대로 원의 방정식을 m에 관한 식으로 정리하면, $m^2+\{10(m+1)\}^2=1$이죠. 식을 풀면 다음과 같이 정리할 수 있습니다. 차근차근 이 과정을 따라와 보세요.

$$m^2+\{10(m+1)\}^2=1$$

$$m^2+100(m+1)^2=1$$

$$m^2+100m^2+200m+100=1$$

$$101m^2+200m+99=0$$

m에 관한 식으로 깔끔하게 정리되었네요! 잘 정리한 식을 보니

금방 m의 근을 구할 수 있을 것 같은 좋은 예감이 듭니다. 그럼 이제부터 본격적으로 m의 값을 구해 보겠습니다.

단서 2:

✔ 직선과 원이 만나는 교점의 좌표를 구하세요.

직선의 방정식 $n=10(m+1)$

원의 방정식 $m^2+n^2=1$

단서3:
루트가 사라지는 비밀을 푸세요

m 값을 구하기 위해서 새로운 친구가 등장합니다. 근의 공식을 알고 있나요? **이차 방정식의 근을 구하는 공식** 말이에요.

"$ax^2+bx+c=0$일 때$(a\neq0)$ $x = \dfrac{-b\pm\sqrt{b^2-4ac}}{2a}$요."

잘 알고 있네요! 근의 공식에 a=101, b=200, c=99를 대입하면 다음과 같이 계산할 수 있습니다.

$$m = \frac{-200\pm\sqrt{200^2-4\times101\times99}}{2\times101}$$

$$= \frac{-200\pm\sqrt{40000-39996}}{202}$$

$$= \frac{-200\pm\sqrt{4}}{202} = \frac{-200\pm2}{202}$$

$$\therefore m = -1 \text{ 또는 } -\frac{99}{101}$$

이렇게 근의 공식을 써서 -1, $-\frac{99}{101}$ 두 개의 근을 찾았어요. 여기서 –1은 당연한 결과겠죠? 직선과 원이 만나는 두 개의 점 중 하나의 좌표가 (-1, 0)이라는 사실을 앞에서 확인했으니까요. 우리가 알고 싶은 것은 다른 한 점인 p의 좌표 (m, n)이었습니다. 이제 $m = -\frac{99}{101}$라는 사실을 알아냈으니 n도 구할 수 있겠어요. 어떻게 하면 될까요?

"$n = 10(m+1)$ 식에 m 값을 넣어서 계산하면 n 값이 나와요! $n = 10(-\frac{99}{101}+1) = \frac{20}{101}$이에요."

네, 맞아요. 그런데 방금 계산에서 재미있는 사실이 하나 있었어요. 눈치챈 학생이 있을까요? 점 p의 좌표는 $\left(-\frac{99}{101}, \frac{20}{101}\right)$으로 둘 다 유리수입니다. 점 p는 반지름이 1인 원 위에 놓인 점이니까 $x^2 + y^2 = 1$이라는 원의 방정식을 만족하겠죠?

$$\left(-\frac{99}{101}\right)^2 + \left(\frac{20}{101}\right)^2 = \frac{99^2}{101^2} + \frac{20^2}{101^2} = 1$$

이때 $\frac{99^2}{101^2} + \frac{20^2}{101^2} = 1$에서 잠깐 계산을 멈춰 보겠습니다. 잠시 피타고라스 세 쌍으로 돌아갈게요. 피타고라스 세 쌍과 원의 유리수

점 사이의 관계를 기억하나요? 여기에도 그 아이디어를 적용해서 양변에 101^2을 곱하는 거예요. 그러면 $99^2+20^2=101^2$으로 피타고라스 정리의 형태가 됩니다. 이렇게 조금은 희한한 방법으로 (99, 20, 101)이라는 **피타고라스 세 쌍**을 찾았습니다.

사실 여기에는 상당히 교묘한 아이디어가 숨어 있답니다. 앞에서 근을 구할 때 $x = \dfrac{-b \pm \sqrt{b^2 - 4ac}}{2a}$라는 **근의 공식**을 사용했습니다. 근의 공식을 쓰면 a, b, c 모두 유리수여도 보통은 루트가 잘 사라지지 않아요. b^2-4ac가 유리수의 제곱수여야 루트를 없앨 수 있는데 그러기가 쉽지 않죠. 그런데 방금 본 방정식에서는 기적적으로 루트가 사라진 거예요. 왜 이런 일이 일어났는지 지금부터 설명해 보려고 합니다.

직선과 원이 만나는 그래프를 다시 가져와 볼게요. 앞에서 직선

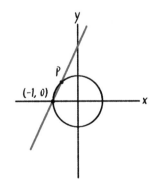

의 방정식의 기울기 t를 10으로 잡았는데, **t는 유리수라면 아무 수나 괜찮습니다.** 유리수가 아닌 수, 예를 들어 $\sqrt{2}$ 같은 수는 안 되고요. $\frac{1}{2}$이나 100, $\frac{1}{1000}$이나 $\frac{99}{10000}$와 같은 유리수는 모두 가능합니다.

직선의 방정식 $y=t(x+1)$

원의 방정식 $x^2+y^2=1$

직선의 방정식을 원의 방정식에 대입하면 다음과 같은 식이 나옵니다.

$$x^2+\{t(x+1)\}^2=1$$

$$x^2+(t^2x^2+2t^2x+t^2)-1=0$$

$$(t^2+1)x^2+2t^2x+t^2-1=0$$

여기에서 핵심은 **이 식을 풀면 유리수 근만 나온다는 것입니다.** $ax^2+bx+c=0$ 꼴의 방정식을 풀면 일반적으로 무리수 근이 나오는데, 이 식에서는 항상 유리수 근이 나와요. 왜 그럴까요? 힌트는 근 중 하나가 −1이라는 것입니다.

"우아! 아직 방정식을 다 풀지도 않았는데 교수님은 어떻게 근을 아셨어요?"

하하하. 알고 나면 시시할 텐데요. 사실 우리가 처음부터 방정식을 그렇게 만들었어요. 앞에서 직선과 원 모두 점 (-1, 0)을 지나도록 설정했기 때문에 x=-1은 항상 이 방정식의 근이 됩니다. 그리고 기울기 t가 유리수이기 때문에 t^2+1, $2t^2$, t^2-1 등 모든 계수가 유리수가 되죠.

자, 이제 중요한 사실을 이야기할 차례예요.

이차 방정식이 유리수 계수를 가질 때
한 근이 유리수면 나머지 근도 반드시 유리수다.

이 사실을 우리가 풀고 있는 방정식에 적용해 볼까요? 이 방정식의 근 중 하나가 -1, 즉 유리수이므로 나머지 근도 반드시 유리수라는 것인데요. 한번 확인해 보겠습니다.

근의 공식에 따르면, 이차 방정식의 두 근은 $x=\frac{-b+\sqrt{b^2-4ac}}{2a}$ 와 $x=\frac{-b-\sqrt{b^2-4ac}}{2a}$ 입니다. 여기서 첫 번째 근 $x=\frac{-b+\sqrt{b^2-4ac}}{2a}$ 가 유리수라고 가정해 보겠습니다. 그러면 양변에 $2a$를 곱한 결과인 $2ax+b=\sqrt{b^2-4ac}$ 도 유리수가 됩니다. 유리수끼리는 아무리 더하고 빼고 곱하고 나누어도 유리수가 나오니까요. 따라서 두 번째 근

$x = \dfrac{-b - \sqrt{b^2 - 4ac}}{2a}$ 도 유리수일 수밖에 없습니다. 같은 논리로 두 번째 근이 유리수면 첫 번째 근도 유리수가 되겠죠. 그러니까 핵심은 둘 중 어느 근이 유리수더라도 $\sqrt{b^2 - 4ac}$ 가 유리수가 되니까 다른 한 근도 반드시 유리수라는 것입니다. 잘 따라오고 있나요?

"음, 알 것 같기도 하고 아닌 것 같기도 하고…… 아리송해요."

당장은 헷갈리더라도 이 논리를 두세 번 복습하다 보면 이해할 수 있을 거예요. 수학을 공부하다 보면 복잡한 계산이나 어려운 논리를 만나는데, 그럴 때는 몇 번이고 보고 또 봐야 이해할 수 있거든요. 저도 그렇고 아주 뛰어난 수학자들도 마찬가지로 이렇게 공부해 왔답니다. 그러니까 이 논리를 완전히 이해하고 싶다면 찬찬히 여러 번 살펴보세요.

그리고 또 한 가지 좋은 방법이 있어요. 기울기 t 를 다른 유리수로 바꿔 보면서 혼자서 연습하는 거예요. 예를 들어 $t=7$이라면 어떻게 될까요? $t=7$일 때, 직선 $y=t(x+1)$과 원 $x^2+y^2=1$의 교점을 찾아서 피타고라스 세 쌍을 만들어 보세요. 자, 누가 먼저 시작해 볼래요?

"음…… 먼저, 원의 방정식 $x^2+y^2=1$에 $y=7(x+1)$을 넣으면 $50x^2+98x+48=0$으로 정리할 수 있어요. 여기에 근의 공식을 적용하니까 $x=-1$ 또는 $-\dfrac{24}{25}$라는 두 근이 나오고요. 그중 $x=-\dfrac{24}{25}$를

$y=7(x+1)$에 넣으면 $y=\dfrac{7}{25}$이 나와요. 이렇게 교점을 구한 다음에······.”

“그다음은 내가 할래! 그러고 나서 원의 방정식 형태로 정리하면 $\left(-\dfrac{24}{25}\right)^2+\left(\dfrac{7}{25}\right)^2=1$이니까 피타고라스 세 쌍은 (24, 7, 25)예요!”

“쳇, 뭐야! 제일 쉬운 부분만 자기가 하고.”

하하하. 서로 힘을 합쳐서 정답을 찾았네요. 모두 아주 잘 계산했어요.

결론적으로 **기울기 t가 유리수면 교점 (m, n)에서 m 역시 항상 유리수이므로 n도 유리수가 됩니다.** 이런 식으로 $x^2+y^2=1$이라는 원 위에 (x, y) 좌표가 모두 유리수인 점들은 몇 개가 있을까요? 상당히 많을 수밖에 없겠죠? 기울기가 유리수인 경우를 무수히 많이 잡을 수 있으니까요. 이것을 이용하면 $a^2+b^2=c^2$을 만족하는 피타고라스 세 쌍을 얼마든지 구할 수 있습니다.

수천 년 전 고대인들은 피타고라스 세 쌍을 상당히 신기하게 여겼지만, 오늘날에는 이 방법을 사용해서 피타고라스 세 쌍을 얼마든지 만들어 낼 수 있어요.

지금까지 원과 직선의 **교점**을 이용해서 $x^2+y^2=z^2$의 자연수 해들을 구하는 방법을 살펴봤습니다. 언뜻 수들의 관계에 관한 문제로 보이더라도 기하학적 방법으로도 풀 수 있다는 사실을 알게 되

었을 거예요. 이전 수업에서부터 거듭 확인하고 있듯이, '**수의 공부**'
와 '**모양의 공부**'는 밀접하게 얽혀 있답니다.

단서 3:

✔ 근의 공식에서 루트가 사라지고

유리수 근이 나오게 하는 비법을 찾아보세요.

근의 공식 $ax^2+bx+c=0$일 때 $(a \neq 0)$ $x = \dfrac{-b \pm \sqrt{b^2-4ac}}{2a}$

방정식을 이용하여 자연수 해들을 구할 경우에 이차 방정식 $x^2+y^2=z^2$에 사용한 방식을 $x^3+y^3=z^3$, $x^4+y^4=z^4$, $x^5+y^5=z^5$ 등등 에도 적용할 수 있을까요?

"세제곱, 네제곱, 다섯제곱….."

"보기만 해도 눈이 핑핑 돌아요. 너무 어려울 것 같아요!"

하하하. 너무 걱정하지 말아요. 제곱수가 커지더라도 쉽게 자연 수 해를 구하는 방법이 있으까요. 제곱의 경우처럼 $x^n+y^n=z^n$이라 는 n차 방정식에서 하나의 항을 0의 제곱으로 놓고 나머지 두 항의 값을 같게 하면 편하게 해를 구할 수 있습니다.

예를 들어 x를 0으로 놓으면 $(0, y, y)$, 그리고 y를 0으로 놓으면

$(x, 0, x)$ 이런 식으로 잡는 거죠. n이 짝수 지수라면, $(\pm x, 0, \pm x)$를 넣어도 n차 방정식은 성립합니다. 원칙적으로는 이런 식으로 세 자연수 x, y, z 중에 하나를 0으로 잡으면 자연수 해들을 쉽게 구할 수 있습니다.

그런데 이 과정에서 다음과 같은 사실을 발견할 수 있습니다.

$$x^n + y^n = z^n \text{에서 } n \geqq 3\text{이면}$$

x, y, z 모두 0이 아닌 자연수 해는 없다.

이것을 **페르마의 마지막 정리**라고 해요.

$n=2$일 때, 즉 $x^2 + y^2 = z^2$일 때 셋 다 0이 아닌 자연수 해가 무수히 많다는 사실을 앞에서 확인했습니다. 하지만 지수 n이 3 이상이면 x, y, z 모두 0이 아닌 자연수 해가 없습니다.

피에르 페르마(Pierre Fermat)라는 프랑스 수학자가 1637년에 이 사실을 처음으로 이야기했습니다. 그런데 증명은 하지 않았어요. "나는 이 정리를 증명했지만, 여백이 부족하여 증명은 생략한다"라고 《아리스메티카*Arithmetica*》라는 책의 구석에 낙서처럼 적어 놓기만 했죠. 그 후 많은 사람이 이 정리를 증명하기 위해 오랫동안 노력했어요. 그러다가 앤드루 와일스(Andrew Wiles)라는 수학자가 약 7년간의 끈질긴 노력 끝에 1993년 드디어 증명을 발표했어요. 무려 350여 년의 시간이 지난 뒤였죠.

와일스가 쓴 〈모듈식 타원 곡선과 페르마의 마지막 정리Modular elliptic curves and Fermat's Last Theorem〉라는 논문에는 굉장히 복잡한 수학이 잔뜩 들어가 있어요. 기호도 이해하기 어려울 정도죠. 이 논문만 해도 PDF 파일로 109쪽인데, 논문에서 인용한 다른 수학까지 증명하려면 아마도 수천 쪽이 필요할 거예요.

그런데 발표한 뒤 머지않아 와일스의 증명에서 실수가 발견되었어요. 그 실수를 고치는 데 1년이 더 걸렸죠. 나중에 와일스가 말하기를, 실수를 바로잡던 그 기간이 자신의 인생에서 가장 고통스러운 시간이었다고 해요. 이미 발표했으니까 고치기는 해야 하는데, 복잡한 증명이다 보니 다시 검증하기도 얼마나 어려웠겠어요.

시간이 꽤 걸리기는 했지만 결과적으로 와일스는 실수를 바로잡았어요. 그것은 포기하지 않고 계속 노력해서 얻은 그의 또 다른 성과였죠. 한번 상상해 보세요. 굉장히 복잡한 수학 문제를 겨우겨우 풀었는데 알고 보니 자신이 실수를 했고, 그 실수를 바로잡기 위해서 수년을 다시 열심히 노력해야 하다니…… 여러분이라면 어땠을 것 같아요?

"저라면 너무 창피해서 도망가고 싶었을 것 같아요."

Annals of Mathematics, **141** (1995), 443-552

Modular elliptic curves
and
Fermat's Last Theorem

By ANDREW JOHN WILES*

For Nada, Claire, Kate and Olivia

Pierre de Fermat

Andrew John Wiles

Cubum autem in duos cubos, aut quadratoquadratum in duos quadratoquadratos, et generaliter nullam in infinitum ultra quadratum potestatum in duos ejusdem nominis fas est dividere: cujes rei demonstrationem mirabilem sane detexi. Hanc marginis exiguitas non caperet.

- Pierre de Fermat ~ 1637

Abstract. When Andrew John Wiles was 10 years old, he read Eric Temple Bell's *The Last Problem* and was so impressed by it that he decided that he would be the first person to prove Fermat's Last Theorem. This theorem states that there are no nonzero integers a, b, c, n with $n > 2$ such that $a^n + b^n = c^n$. This object of this paper is to prove that all semistable elliptic curves over the set of rational numbers are modular. Fermat's Last Theorem follows as a corollary by virtue of work by Frey, Serre and Ribet.

Introduction

An elliptic curve over $\mathbf{Q}$ is said to be modular if it has a finite covering by a modular curve of the form $X_0(N)$. Any such elliptic curve has the property that its Hasse-Weil zeta function has an analytic continuation and satisfies a functional equation of the standard type. If an elliptic curve over $\mathbf{Q}$ with a given j-invariant is modular then it is easy to see that all elliptic curves with the same j-invariant are modular (in which case we say that the j-invariant is modular). A well-known conjecture which grew out of the work of Shimura and Taniyama in the 1950's and 1960's asserts that every elliptic curve over $\mathbf{Q}$ is modular. However, it only became widely known through its publication in a paper of Weil in 1967 [We] (as an exercise for the interested reader!), in which, moreover, Weil gave conceptual evidence for the conjecture. Although it had been numerically verified in many cases, prior to the results described in this paper it had only been known that finitely many j-invariants were modular.

In 1985 Frey made the remarkable observation that this conjecture should imply Fermat's Last Theorem. The precise mechanism relating the two was formulated by Serre as the ε-conjecture and this was then proved by Ribet in the summer of 1986. Ribet's result only requires one to prove the conjecture for semistable elliptic curves in order to deduce Fermat's Last Theorem.

*The work on this paper was supported by an NSF grant.

앤드루 와일스의 논문〈모듈식 타원 곡선과 페르마의 마지막 정리〉중 일부

"저는 할 수 있을 것 같아요. 고치는 건 너무너무 싫지만, 그래도 어렵게 증명한 거니까요!"

"교수님, 그런데 왜 페르마는 답을 아는데 증명은 못 했을까요?"

거기에 대해서는 다양한 추측이 있어요. 당시에 페르마도 증명을 잘못했을 가능성이 커요. 자신은 증명했다고 생각했지만 뭔가 실수가 있었을 거란 말이죠.

돌이켜 보면 페르마의 마지막 정리가 완전히 증명되기까지 매우 많은 수학의 발전이 필요했어요. 그러니까 굉장히 현대적인 수학이 필요했다는 말인데, 그런 증명을 페르마가 알고 있었을 가능성은 매우 낮죠. 그런데 또 모르는 일이에요. 혹시 더 쉬운 증명이 있지만 우리가 오늘날까지 모르고 있는지도요. 페르마가 훨씬 쉬운 증명을 알았을 가능성도 있지만, 수학의 역사에서 볼 때 아마도 페르마가 착각했을 가능성이 더 커요.

오늘 공부한 것처럼, 수에 관한 여러 종류의 방정식을 공부하는 것을 **정수론**(整數論, Number Theory)이라고 합니다. 제가 이 수업에서 정수론처럼 꽤 어려운 분야를 일부러 다룬 이유가 있어요. 첫째는 학교에서 배우는 다양한 개념을 정수론을 다루면서 복습하거나 새롭게 익힐 수 있기 때문입니다. 둘째는 복잡한 계산을 따라가면서 어려운 문제를 이해하는 힘을 기를 수 있기 때문이에요. 셋째로 과정은 어렵더라도 결론까지 다다르면서 수와 모양의 개념들이 서로 아름답게 조화를 이루는 모습을 여러분에게 보여 주고 싶었습니다.

　가끔은 따라오기 힘든 계산이 있었더라도 오늘 수업이 재미있는 시간이었기를 바랄게요. 왜냐하면 저는 여러분과 수학으로 대화를 나누는 이 시간이 무척 즐겁거든요. 부디 여러분도 저와 같은 마음이면 좋겠어요. 그러면 다음 시간에 더 흥미진진한 이야기로 만날게요!

페르마는 누구인가요?

페르마는 과학 혁명의 시대인 17세기 최고의 학자 중 한 사람이에요. 그는 파리 주변에서 활동하던 다른 많은 과학자와는 달리 프랑스 남서부의 시골에서 한평생 법관으로 일했습니다. 그러면서 유럽 과학계 인사들과 교류하며 수학의 역사에서 혁명적인 발견들을 했죠.

블레즈 파스칼(Blaise Pascal)과 함께 현대 확률론의 기반을 다졌고, 르네 데카르트 (René Descartes)와 함께 독립적으로 '좌표계' 이론을 개발하여 기하를 대수적으로 표현하고 분석할 수 있게 만들었습니다. 빛의 운동을 처음으로 정확하게 설명하기도 했죠. '빛은 항상 최단 시간 경로를 따라간다'는 사실을 발견하여 '페르마의 원리'라는 이름이 붙었습니다.

페르마의 업적 중 가장 두드러진 것은 현대 정수론의 기초를 다졌다는 점입니다. 페르마는 과학뿐만 아니라 다양한 분야에 관심을 가지면서도 한편으로는 세상사와 별 관련이 없어 보이는 정수와 소수를 굉장히 중요하게 생각했어요. 그럼 우리도 '페르마의 정수론 정리' 중 하나를 함께 살펴볼까요?

어떤 소수를 제곱수 둘의 합으로 표현해 봅시다. 예를 들어 2, 5, 13, 170이라는 수를 다음과 같이 두 제곱수의 합으로 표현하는 거죠.

$$2=1^2+1^2, \ 5=2^2+1^2, \ 13=3^2+2^2, \ 17=4^2+1^2$$

이 내용을 방정식으로 정리하면 다음과 같은 물음이 떠오릅니다.

소수 p가 주어졌을 때 $x^2+y^2=p$의 자연수 해가 있는가?

과연 이런 해가 존재할까요? 페르마는 '나머지' 개념을 써서 이 질문에 대한 답을 쉽게 구했습니다.

소수 p가 주어졌을 때

$x^2+y^2=p$의 자연수 해가 있으려면

$p=2$이거나 p를 4로 나눈 나머지가 1이어야 한다.

그래서 $p=5, 13, 17, 37, 41, 53$일 때는 자연수 해가 있지만, $p=7, 11, 19, 23$일 때는 자연수 해가 없습니다.

페르마의 정수론 정리는 훗날 정수론에 많은 영향을 미쳤고, 지금도 인터넷 통신이나 암호학 같은 첨단 기술 연구를 돕고 있습니다.

구름에서 물고기까지, 창밖 세상에 물음표를 붙이면

에어컨 바람도 후텁지근하게 느껴지는 여름 끝자락의 연구실. 창밖으로는 푸른 하늘 저편에 제각기 다른 모양의 구름들이 뭉실뭉실 떠다닌다. 멍하니 창밖을 바라보던 주안이가 문득 교수님께 질문을 던졌다.

여름이라서 하늘에 구름이 많나요?

: 교수님, 지금 하늘에 구름이 많은 건 여름이기 때문인가요?

: 흥미로운 질문이네요! 결론부터 말하자면 구름과 계절 사이에는 관계가 있다고 할 수 없어요. 영국에서는 주로 겨울에 구름이 많이 생기거든요.

: 왜 그런 차이가 있을까요?

: 혹시 어떤 상황에서 하늘에 구름이 끼는지, 구름이 만들어지는 기본 원리를 학교에서 배웠나요?

: 물이 증발해서 구름이 생긴다고 배웠어요.

: 그런데 증발 현상이 있다고 항상 구름이 끼는 건 아니에요. 공기 사이를 떠다니는 아주 작은 물방울이 있는데, 이것들이 모여서 뭉치는 것을

응결(凝結, Congelation)이라고 합니다. 응결이 일어나면 물방울이 커지고 구름이 생겨요.

물방울들은 왜 그렇게 서로를 좋아할까요?

🧑 : 그런데 여러분, 물방울들은 왜 서로 붙으려고 하는지 생각해 본 적 있나요? 이것도 꽤 재미있는 이야기인데, 물이 어떤 원자로 이루어졌는지 학교에서 배웠어요?

🧑 : H_2O요.

🧑 : 수소(H) 둘과 산소(O) 하나요.

🧑 : 네, 그림처럼 원자들이 서로 붙은 형태를 물 분자라고 해요. 수소와 산소가 붙어 있으면 전체적인 분자는 중성이더라도, 수소가 있는 쪽은 양성이 강하고 산소가 있는 쪽은 음성이 강해요. 이를 물 분자의 극화(極化, Polarization)라고 합니다.

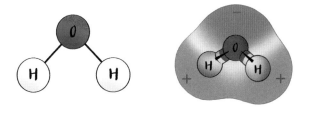

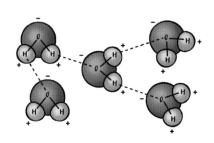

: 이 극화 때문에 분자 둘이 서로 붙어서 덩어리를 이루려는 경향이 생기죠. 그런데 온도가 높아지면 분자들이 너무 빨리 움직이니까 붙으려는 성질을 잃고 떨어져 버려요. 온도가 낮아지면 다시 응결이 일어나고요. 그래서 습도가 높은 날에 온도가 갑자기 낮아지면 구름이 많이 생긴답니다.

바람도 우리처럼 힘들어요

: 어떤 산의 앞쪽에 호수가 있는데 그 위에서 바람이 불고 있다고 해요. 바람이 호수를 지나면서 습기를 많이 흡수하겠죠. 그러다가 이 바람이 산을 만났습니다. 자, 어떤 일이 벌어질까요?

: 바람이 산 위로 올라가요.

: 그러면 온도가 낮아질까요, 높아질까요? 그 이유는 무엇일까요?

: 온도는 낮아져요. 이유는…… 아, 분명히 배웠는데.

: 분자의 관점에서 온도가 높다는 것은 활동량이 아주 많다는 뜻이에요. 그러니까 빨리 움직인다는 거죠. 반대로 산 위로 올라갈수록 분자의 움직

임은 더뎌져요. 높은 산 위에 올라가면 여러분 몸이 어떻게 변하던가요?

: 귀가 먹먹해져요.

: 숨쉬기도 힘들어요.

: 우리가 산 위로 뛰어올랐다고 생각해 보세요. 너무 힘들어서 활동량이 줄어들겠죠? 분자들도 마찬가지예요. 산 위로 올라가기 위해 에너지를 쓰잖아요. 그러니까 움직임이 느려지죠. 어떻게 보면 우리 인간과 똑같은 이유예요. 힘들기 때문이죠!

: 앗, 그래서 구름이 생기는 건가요?

: 네, 맞아요. 습기를 머금은 공기가 산을 오르느라 지치면 분자의 움직임도 느려지고 물 분자들이 서로 엉기기 시작해요. 구름이 생기기 좋은 환경이 되죠. 그러다가 비가 오면 다시 호수로 물이 흘러내립니다.

물고기가 물속에서 숨을 쉬다니!

🧑 : 분자 이야기를 하다가 생각났는데, 제가 여러분 나이일 때는 이런 게 궁금했어요. 물고기는 어떻게 물속에서 숨을 쉴 수 있을까? 어떻게 물속에서 산소를 섭취할까?

🧑 : 아가미로 산소를 섭취해요.

🧑 : 맞는 말이에요. 하지만 저는 그 사실을 알고 나서도 계속 이상하게 생각했어요.

👧 : 우리는 아가미로 숨을 쉬어 본 적이 없으니까요!

🧑 : 그렇죠. 그런데 곰곰이 생각해 보니 물도 똑같더라고요. 공기는 무엇으로 이루어져 있죠?

🧑 : O_2요.

🧑 : 산소 분자는 산소 원자(O) 2개가 붙어서 만들어져요. 이 산소 분자가 여기저기 돌아다니면서 물고기에게도 먹히곤 합니다. 그런데 공기는 어떻죠? 산소 분자가 공기 중에 어떻게 분포되어 있나요? 공기 중에는 산소만 있나요?

👧 : 아니요. 이산화탄소(CO_2)도 있어요.

👧 : 질소(N_2)도 있고요.

🧑 : 네, 공기 중 78%가 질소이고, 21%가 산소입니다. 그중에서 산소를 가려 뽑는다고 생각하면 인간과 물고기가 별반 다를 게 없죠?

👧 : 물고기들도 똑같이 힘들 것 같아요.

: 다만 물속에는 공기 중보다 산소가 적으므로 더 효율적으로 뽑아내야겠죠. 저도 구체적인 메커니즘까지는 모르겠지만 근본 원리는 똑같을 거예요. 공기 중에서 숨을 쉬든 물속에서 숨을 쉬든 여러 분자가 섞여 있는 상태에서 산소를 뽑아낸다는 점이 공통적이니까요.

 : 이야기가 구름에서부터 시작해서 물고기까지 왔어요. 하하하.

 : 원자와 분자처럼 물질의 기본적인 구성 요소에 관한 이야기에는 세상만사를 연결하는 힘이 있는 것 같아요.

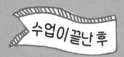

수업이 끝난 후

네 번째 수업

도전:
최강의 암호 만들기

공개 키 암호와 나머지 연산

'매~앰, 매~앰, 맴맴맴맴' 아직도 창밖은 매미 울음소리로 들끓는 가운데 이따금 선선한 바람이 불기 시작했다. 어느덧 여름 방학은 끝을 향해 가고 김민형 교수님도 영국으로 떠나셨다. '이렇게 동대문 수학 클럽은 해산인가?' 생각하셨다면 천만의 말씀! 오늘부터는 온라인으로 한국과 영국을 잇는 '동대문 수학 클럽 시즌 2'가 시작된다. 각자의 방에서 수업을 들으니 마스크를 안 써도 돼서 편하기는 한데, 화면 속 내 모습은 아무리 봐도 좀 어색하다. 주안이는 마스크 그림의 필터로 얼굴을 가렸네? 다들 비슷한 마음인가 보다. 온라인 수업이어도 다들 잘 집중할 수 있을까? 떨어져 있어도 계속 잘해 나갈 수 있을까?

민형

오늘부터 칠판 대신 제 태블릿 화면을 공유하면서 수업을 할게요.
(드르륵 드르륵)

보람

교수님, 이상한 소리가 들려요!
연결 오류일까요?

민형

아, 저희 집 고양이가 자꾸 문을 열어 달라고 하네요. 이 아이의 이름은 '스타'예요. 크리스마스 때 길에서 만났거든요. 크리스마스트리의 별이 생각나서 스타라는 이름을 지어 줬어요.

스타, 안녕! 검은 고양이네요? 저는 고양이를 좋아하긴 하는데 키우지는 못하고 인터넷으로 귀여운 고양이 사진들을 모으고 있어요. '랜선 집사'예요.

아인

주안

너무 귀여워요! 저는 강아지를 키워요.
저희 집 강아지 이름은 '쭈아'예요.

스타는 낮에는 주로 제 서재에서 잠을 잔답니다.
스타와 함께 오늘 수업을 시작해 볼까요?

민형

당신의 마음을 읽는 숫자 마술

오늘은 간단한 마술로 수업을 시작할게요. 아인이와 주안이 중 누가 해 볼래요?

"저요, 저요!"

그럼 주안이가 해 보겠어요?

"저는 구경을 할게요. 히히."

그래요? 그럼 거꾸로 아인이가 해 보세요. 구경하려고 한 사람은 참여하고, 참여하려고 한 사람은 구경하는 거죠. 하하하.

"내가 이럴 줄 알았지."

"뭘 이럴 줄 알아?!"

아인이 주변에 종이가 있나요?

"네, 공책이 있어요."

거기에 **2부터 9까지의 한 단위 수를 이용해서 열 단위 수를 하나** **적어 보세요.**

"2, 3, 6 이렇게요?"

2, 3, 4, 5, 6, 7, 8, 9 중에서 10개를 적는데, 같은 수를 중복해서 사용해도 상관없습니다. **한 단위 수**는 자릿수가 하나인 수를 말해요. 그러니까 한 단위 수 10개를 써서 **열 단위 수**를 만드는 거예요. 예를 들어 다섯 단위 수라고 하면 '23557' 이렇게 적으면 되겠죠? 이런 식으로 열 단위 수를 써 보세요.

"다 적었어요."

그러면 이제 그 열 단위 수의 자릿수들을 모두 곱합니다. 예를 들어 '234'라는 세 단위 수라면 2×3×4=24 이렇게 곱하는 거예요. 단위가 커서 암산은 어려울 테니 계산기나 계산 애플리케이션의 도움을 받으세요. 아인이도 열 자리 수를 다 곱했나요?

"네, 했어요."

꽤 큰 수가 나왔죠? 이제 그 수에서 아무 자릿수나 하나를 골라서 그 위에 동그라미를 쳐 보세요. 그다음, 동그라미 친 숫자는 제외하고 나머지 자릿수의 숫자들만 제게 천천히 읽어 주세요.

"나머지 자리 숫자만요? 단위도 말씀드릴까요?"

그냥 숫자만 읽어 주세요. 숫자들의 순서도 상관없습니다.

2 0 1 2 0 8 2

곱셈의 결과에서 동그라미 친 숫자 하나를 빼고 나머지만 읽은 거 맞죠?

"네."

그럼 동그라미 친 숫자가 뭔지 한번 맞혀 볼게요. 음, 어디 보자…… 혹시 3인가요?

"오, 3 맞아요!"

제가 잘 맞혔네요. 하하하.

"일부러 순서를 섞어서 말씀드렸는데 어떻게 아셨어요? 혹시 종이에 숫자가 비쳤나요?"

아니요, 안 보였어요. 이게 바로 숫자 마술입니다. 하하하.

지금부터 이 마술의 비밀을 알려 줄게요. 사실 이 마술은 상당히 간단합니다. 아인이가 처음에 적은 숫자를 말해 줄래요?

"처음 적은 숫자 10개는 '7289734568'이었어요."

10개의 수를 모두 곱했으니까 7×2×8×9×7×3×4×5×6×8 이렇게 계산했겠네요. 결괏값은 얼마가 나왔죠?

"20321280이요."

숫자 마술의 핵심은 이 결괏값이 9의 배수가 된다는 사실에 있습니다. 아인이가 적은 숫자 10개 중에 9가 하나 있잖아요. 따라서 이렇게 모든 수를 곱한 값은 반드시 9의 배수일 수밖에 없어요. 처음 생각한 수 안에 9가 있으니까요. 그런데 **9의 배수에는 특별한 성질이 있어요.** 혹시 아는 사람이 있을까요?

"음, 저는 모르는데…… 주안이는 아나?"

"아니요, 저도 모르겠어요."

그럼 함께 알아볼까요? 결괏값 20321280의 자릿수들을 하나씩 떼서 모두 더해 볼게요.

$$2+0+3+2+1+2+8+0=?$$

이렇게 더하면 얼마가 나오죠?

"18이요."

네, 맞아요. 18은 9로 나눌 수 있는 9의 배수죠. 9의 배수의 자릿수들을 모두 더하면 결괏값 역시 9의 배수가 나옵니다. 이것이 바로 9의 배수가 가지는 특별한 성질이에요.

9의 배수의 모든 자릿수를 더하면 결괏값도 9의 배수가 된다.

좀 더 확인해 볼까요? 9의 배수는 9, 18, 27, 36, 45, 54, 63, 72, 81, 90, 99, 108, 117… 이런 식으로 계속되겠죠. 9의 배수의 자릿수들을 각각 더하면 다음과 같은 결과가 나옵니다.

$$9: 9$$
$$18: 1+8=9$$
$$27: 2+7=9$$
$$36: 3+6=9$$
$$45: 4+5=9$$
$$54: 5+4=9$$
$$63: 6+3=9$$
$$72: 7+2=9$$

자릿수가 작다 보니 여기까지는 결괏값이 전부 9가 나왔지만, 예를 들어 189 같은 경우에는 1+8+9=18이니까 결괏값이 9가 아닌 9의 배수가 나와요. 이런 식으로 9의 배수의 모든 자릿수를 더하면 9의 배수가 나온다는 사실을 확인할 수 있습니다.

자, 그렇다면 저는 어떤 마술로 숫자 3을 맞힐 수 있었을까요? 힌트는 방금 배운 9의 배수의 특별한 성질에 있습니다. 9의 배수의 모든 자릿수를 더했을 때 결괏값이 반드시 9의 배수여야 한다는 것을 이제 여러분도 알고 있죠? 자, 그럼 아인이가 처음에 제게 말해 줬던 숫자를 떠올려 보세요. 그 수들을 모두 더해 볼까요?

"2+0+1+2+0+8+2=15요. 15는 9의 배수가 아니에요."

"15에 3을 더하면 9의 배수 18이 되니까, 빠진 숫자는 3이에요!"

이제 알아서 답을 잘 찾네요. 제 마술의 비밀을 여러분에게 다 들켜 버렸군요. 하하하. 그럼 아인이가 공책에 쓴 내용을 확인해 볼까요?

· 처음 적은 숫자 10개: 7 2 8 9 7 3 4 5 6 8
· 숫자 10개의 곱: 2 0 ③ 2 1 2 8 0
· 공개한 숫자 9개: 2 0 1 2 0 8 2

"교수님, 그런데 처음에 고른 숫자 10개 중에 9가 안 들어가면 어떡하죠?"

"맞아요. '222246' 이런 식으로 9가 하나도 없으면 마술을 못 쓰잖아요."

그럴 가능성도 있긴 하죠. 그런데 사람들에게 숫자 10개를 적당히 섞어서 뽑으라고 했을 때 그 자릿수들을 곱한 결괏값이 9의 배수가 아닌 경우는 상당히 드물어요.

$$2\ 3\ 5\ 7\ 6\ 4$$

이 숫자들 중에 9는 없지만 다 곱하면 9의 배수가 됩니다. 왜 그럴까요?

"3이 하나 있고 6=2×3이니까 모두 곱하면 3×6=18이 되면서 9의 배수가 생겨요."

맞아요. 이런 식이기 때문에 임의로 숫자를 10개 뽑아서 그 자릿수들을 다 곱할 때 9의 배수가 나올 확률이 굉장히 높답니다. 그래서 이 마술은 어쩌다가 실패할 수도 있기는 하지만 그런 경우는 매우 드물죠.

9의 배수의 성질을 좀 더 살펴볼게요.

$$3854×9=34686 \;\rightarrow\; 3+4+6+8+6=27$$

$$45896×9=413064 \;\rightarrow\; 4+1+3+0+6+4=18$$

$$879514×9=7915626 \;\rightarrow\; 7+9+1+5+6+2+6=36$$

꽤 큰 수들을 썼는데도 결과는 항상 9의 배수가 되죠?

"네!"

"교수님, 그런데 9의 배수에만 이런 성질이 있는 건가요? 4의 배수나 5의 배수는 안 되는 것 같아서요."

$$32 \times 4 = 128 \rightarrow 1 + 2 + 8 = 11$$
$$32 \times 5 = 160 \rightarrow 1 + 6 + 0 = 7$$

시범 삼아서 4의 배수와 5의 배수를 하나씩 확인해 보니까 정말 그렇네요. 이 성질은 9의 배수에만 있습니다. 왜 그럴까요? 이것은 여러분이 직접 탐구해 볼 만한 문제예요. 먼저 힌트를 하나 줄게요. 어떤 수, 예를 들어 '3457'이라고 수를 표기하면 1000이 3개, 100이 4개, 10이 5개, 1이 7개 모여 있다는 뜻입니다. 그 사실을 다음과 같이 쓰기도 하죠.

$$3457 = 3 \times 1000 + 4 \times 100 + 5 \times 10 + 7 \times 1$$

이런 표기법이 생기기까지 오랜 역사가 필요했어요. 같은 3이더라도 일의 자리에 있을 때와 천의 자리에 있을 때의 의미가 다릅니다. 각각의 자릿수를 다 더하면 3+4+5+7인데, 원래 수와 얼마나 차이가 나는지 보기 위해 이번엔 뺄셈을 써 볼게요.

$$3457-(3+4+5+7)$$
$$= 3×1000+4×100+5×10+7×1-(3+4+5+7)$$
$$= 3×(1000-1)+4×(100-1)+5×(10-1)+7×(1-1)$$
$$= 3×999+4×99+5×9$$

식을 정리하면 이렇게 됩니다.

"앗, 9가 잔뜩 생겼어요!"

여기서 더 깊이 들어가는 설명은 하지 않을게요. 지루해질 것 같으니까요. 어떤 수를 가지고 계산해도 항상 이런 현상이 생깁니다. 하나만 더 살펴볼게요.

$$74678-(7+4+6+7+8)$$
$$= 7×10000+4×1000+6×100+7×10+8×1-(7+4+6+7+8)$$
$$= 7×(10000-1)+4×(1000-1)+6×(100-1)+7×(10-1)+8×(1-1)$$
$$= 7×9999+4×999+6×99+7×9$$

그러므로 원래 수에서 자릿수를 다 더한 값을 빼면 항상 9의 배수가 나옵니다. 이 사실을 다음과 같이 정리할 수 있어요.

임의의 자연수 n

그리고 n의 자릿수를 다 더해서 만든 수 m은

9로 나누었을 때 항상 나머지가 같다.

예를 들어 74678을 9로 나누면 몫은 8297이고 나머지는 5입니다. 7+4+6+7+8=32를 9로 나누면 몫은 3이고 나머지는 5입니다. 둘의 몫은 다르지만 나머지는 같다는 것을 확인할 수 있죠.

왜 9의 배수에만 이런 성질이 있을까요? 그 이유를 한마디로 설명하면, 우리가 수를 표기할 때 십진법을 쓰기 때문입니다. 더 구체적으로 설명하면 복잡해지니까 이 이야기는 여기까지만 할게요.

우리 삶을 움직이는 십진법의 세계

인류 역사에서 수를 표기하는 방법은 끊임없이 변화해 왔습니다. 고대 바빌로니아는 쐐기 문자를 사용했고, 고대 이집트에서는 상형 문자로 수를 표기했어요.

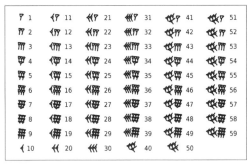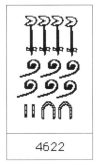

고대 바빌로니아의 쐐기 문자(왼쪽)와 고대 이집트의 상형 문자(오른쪽)

오늘날 우리가 사용하는 십진법은 고대 인도에서 시작되었다고 합니다. 고대 인도의 수 체계가 아라비아를 거쳐 13세기 초 수학자 레오나르도 피보나치(Leonardo Fibonacci)를 통해 유럽에 전해지면서 전 세계로 퍼진 것이죠. 십진법의 간단명료한 체계는 수학의 발전뿐만 아니라 '수'라는 어려운 개념이 지금처럼 일상화되는 과정에 중요한 역할을 했어요.

수를 표기하는 가장 쉬운 방법은 무엇일까요? 작대기를 나열하는 것입니다. 고대 사람들은 '1, 2, 3, 4, 5…'의 수를 아래처럼 표현했습니다.

I, I I, I I I, I I I I, I I I I I …

작대기와 십진법으로 '백(百)'을 표기해 보면 십진법의 효율성을 알 수 있습니다.

I I I I I I I I I I I I I I I I I I I I I I I I I I I I I I I I I I
I I I I I I I I I I I I I I I I I I I I I I I I I I I I I I I I I I
I I I I I I I I I I I I I I I I I I I I I I I I I I I I I I I I I I

100

자, 어느 쪽이 수를 파악하기가 더 쉽나요? 작대기는 100개나 필요하고 일일이 개수를 세는 것조차 어렵지만, 십진법은 단 세 글자로 한눈에 파악할 수 있습니다. 십진법은 0부터 9까지 알아야 하는 기본값이 있지만, 대신 많은 수를 상당히 효율적으로 표현할 수 있습니다. 특히 덧셈, 뺄셈, 곱셈과 같은 기초 연산을 할 때 효율성의 차이가 더 크게 드러난답니다.

동대문 은행에 어서 오세요

앞에서 배수와 약수, 나머지 개념을 살짝 복습했습니다. 이번 수업에서는 이런 개념들을 바탕으로 **나머지 연산**을 공부하겠습니다. 그리고 나머지 연산을 이용해서 암호를 만드는 방법도 알아볼 거예요. 여기서 말하는 **암호**란, 다양한 암호 중에서도 우리가 스마트폰이나 컴퓨터에서 사용하는 암호를 가리켜요. 이러한 전자 기기들은 다른 사람들이 중간에서 정보를 가로채더라도 구체적인 내용은 알 수 없도록 암호화한 정보를 보냅니다.

요즘처럼 통신 기술이 널리 쓰이고 인터넷상에서 거래가 많이 이루어지는 때에는 암호화가 매우 중요하죠. 인터넷으로 온갖 사이트에 접속하여 손쉽게 거래할 수 있어서 편리한 만큼 신호가 오가는 과정에서 누군가가 우리의 정보를 엿볼 위험도 커졌으니까요. 그렇다면 인터넷상에서는 어떤 정보들을 암호화해서 보내면 좋을까요?

"개인 정보 같은 것들이요."

"주민 등록 번호요."

네, 그리고 은행 계좌 번호나 비밀번호도 암호화해서 보내야겠죠. 웹사이트에 접속하면 주소 창의 URL이 'https'로 시작하는 경우가 있어요. 이런 웹사이트들은 암호화된 정보를 사용합니다. 우리가 보내는 정보도 암호화되고, 그쪽에서 우리에게 보내는 정보도 암호화되어 서로 암호를 통해서만 교류하죠. 이런 웹사이트에서는 우리가 비밀번호를 입력하더라도 정보가 암호화되기 때문에 중간에서 가로채는 사람이 어떤 뜻인지 알 수가 없어요.

예를 들어 주안이가 '동대문 은행' 사이트에 접속해서 거래한다고 해요. 이 은행에서는 주안이에게 암호화하는 방법을 알려 줍니다. '이렇게 암호화하시오' 하고요. 이건 은행뿐만 아니라 쿠팡 같은 모든 상거래 사이트에서도 마찬가지입니다. 우리는 그 방법을 따라서 암호화된 개인 정보를 보내는데, 여기서 또 다른 큰 문제가 생깁니다. 어떤 문제일까요?

"암호를 만드는 방법도 인터넷으로 주고받는 거죠?"

그렇죠. 대부분 인터넷에 접속해서 즉각 상거래를 하고 싶어 하니까요.

"그럼 누군가가 중간에서 암호화 방법을 훔칠 수 있잖아요."

바로 그게 문제입니다. 누군가가 동대문 은행의 암호화 방법을 알게 된다면, 주안이가 은행으로 보낸 신호(비밀번호)를 가로채서 비밀번호도 알아낼 수 있겠죠.

"은행이 정한 방법 말고 제가 직접 암호를 만들면 어떨까요?"

그렇게 되면 이번에는 주안이가 은행에 암호화 방법을 알려 줘야겠죠? 그럼 또 똑같은 문제가 발생할 거예요. 이런 문제들 때문에 **암호화 방법을 알고 있어도 풀기 힘들 정도로 어려운 암호가 필요합니다.**

"우아, 그런 암호가 있어요? 저도 알고 싶어요!"

"그런데 그렇게 어려우면 은행에서도 암호를 못 풀지 않을까요? 은행에서는 어떻게 암호를 풀어서 비밀번호를 확인하나요?"

좋은 질문이에요! 은행에서는 암호를 만들 때 암호화 방법 말고 한 가지 정보를 더 가지고 있는데, 이것이 핵심입니다. 우선은 누구든지 알 수 있도록 암호화 방법을 공개하는 것에서부터 시작해요. 은행에서 주안이에게 '이렇게 암호화하시오' 하고 알려 주는 암호화 방법을 **공개 키**라고 해요. 이때 **비밀 키**라는 비밀 정보는 은행만 가지고 있습니다. 공개 키로 만든 암호에 비밀 키를 넣으면 아무리 길고 복잡한 암호라도 풀기 쉽지만, 그 비밀 키를 모르면 암호화 방법을 알더라도 풀기가 어려워요.

이러한 암호화 과정은 웹사이트에서 자동으로 진행됩니다. 예를 들어 주안이의 브라우저가 동대문 은행 시스템에서 공개 키를 받아서 암호를 만든다고 해요. 이렇게 암호화된 정보는 다시 은행으로 보내지는데, 은행 컴퓨터 시스템이 이 암호를 비밀 키로 푸는 거예요.

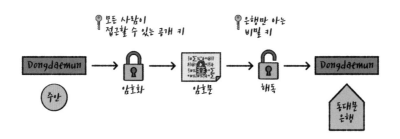

"개인 정보가 유출되었다는 뉴스가 가끔 나오잖아요? 그 경우에는 해커들이 공개 키와 비밀 키를 전부 알아낸 건가요?"

참 재미있는 질문이네요! 예를 들어 동대문 은행에서 고객들의 비밀번호를 어딘가에 저장해 뒀다고 해요. 은행에서도 고객들이 비밀번호를 제대로 입력했는지 확인해야 하니까요. 대체로 개인 정보가 유출되었다고 할 때는 이렇게 저장된 정보를 누군가가 알아낸 경우가 많습니다.

이 경우에는 **해시 함수**(Hash Function)를 이용해서 안전하게 정보를 지킬 수 있어요. 함수를 써서 정보를 굉장히 복잡하게 바꾸어 저장하는 거죠. 이렇게 하면 저장된 정보를 보더라도 비밀번호가 무엇인지 알아내기가 힘들어요. 그렇지만 제대로 된 기관이라면 비밀번호를 있는 그대로 저장하지 않겠죠. 암호 처리를 제대로 하지 않고 정보를 있는 그대로 저장했을 때 개인 정보 유출이 일어날 가능성이 커집니다. 해시 함수에 대해서는 이따가 뒤에서 더 자세히 공부할게요.

암호화 훈련 1: 모든 메시지를 숫자로

공개 키 암호는 **나머지 연산**(Modular Arithmetic)이라는 수학을 활용해서 만들어요. 나머지 연산을 쓰려면 주고받는 정보를 다 숫자로 바꿔야 합니다. 비밀번호는 이미 숫자일 수도 있지만, 문자로 된 정보가 있다면 숫자로 바꿔야겠죠. 한 가지 예를 들어 볼게요. 이 숫자는 어떤 단어일까요?

3, 1, 20

"……."

"숫자만 보고 단어를 맞히라고요? 전혀 모르겠어요."

그럼 힌트를 줄게요. 영어 단어예요.

"알파벳 순서인가요?"

"나도 그 생각하고 있었는데!"

"C, A, T, 고양이요!"

맞아요, 고양이예요. 이런 암호는 해독하기가 굉장히 쉽죠?

"네!"

그래서 이런 것은 암호라고 할 수도 없어요. 단순히 글자를 수로 바꾸는 방법이죠. 비밀스럽게 할 필요도 없습니다. 어차피 곧 또 다른 암호화 작업을 거칠 테니까요. 물론 주의할 점도 있습니다. 앞에서 제가 '3, 1, 20'이라고 숫자 사이에 쉼표를 썼죠? 쉼표는 숫자가 아니니까 이렇게 바꿔야겠네요.

3 1 2 0

그런데 이렇게 쓰면 '3, 1, 20'인지 '3, 1, 2, 0'인지 불분명하잖아요? 그래서 메시지를 정확하게 전달하기 위해서 암호에 보완이 필요해집니다. 다양한 방법이 있겠지만 저는 이렇게 보완할게요.

3 0 0 1 0 0 2 0

이때 '0 0'은 띄어쓰기해서 읽으라는 의미입니다. 그렇다면 이 암호의 의미는 '3, 1, 20'이 되겠네요.

2000150016

이 암호의 의미는 무엇일까요?

"20, 15, 16이니까…… T, O, P…… 아, 'TOP'이요!"

맞습니다. 이런 식으로 문자 정보를 수로 만들 수 있어요. 차근차근 배우니 어렵지 않죠? 이제 나머지 연산에 대해서 더 자세히 알아보겠습니다.

암호화 훈련 2: 나머지 연산

모든 형태의 메시지를 수로 만드는 방법을 알고 있다고 가정해 보겠습니다. 지금부터는 **숫자 형태의 메시지를 암호화하는 방법**을 살펴볼게요. 근본적인 아이디어는, **나머지 연산을 거쳐서 다른 수로 바꾸는 것입니다.** 나머지 연산에서는 어떤 수 N으로 나눈 '나머지'가 중요한데, 이때 N을 **모듈러스**(Modulus)라고 합니다.

$$수 \xrightarrow{\text{나머지 연산}} 다른 수$$

$N=10$으로 잡아 보겠습니다. 36을 10으로 나눈 나머지는 6이니까 이를 다음과 같이 표현할 수 있습니다.

　　　　　　　　　　　　　　　네 번째 수업

$$36=6 \bmod 10$$

익숙해지기 위해 좀 더 연습해 볼게요.

$$35=5 \bmod 10$$

$$25=5 \bmod 10$$

$$7×6=2 \bmod 10$$

여기에서 'mod 10'이 무엇인지 묻는다면 '10으로 나눈 나머지'라고 답할 수 있겠어요. 35와 25의 mod 10은 5로 서로 같습니다. 그리고 7×6=42이니까 7×6의 mod 10은 2가 나오겠죠.

이번에는 살짝 더 어려운 수를 연습해 볼게요. 덧셈, 뺄셈, 곱셈의 나머지 연산은 금방 익힐 수 있을 거예요. 여기에 익숙해지면 '나눗셈의 나머지 연산'도 가능해집니다. $\frac{1}{7}$ mod 10을 구해 볼까요?

"음......."

하하. 갑자기 너무 어려워졌나요? 그렇다면 답을 먼저 알려 줄 테니까 왜 이런 답이 나오는지 생각해 보세요. $\frac{1}{7}$ mod 10을 하면 3이 나옵니다. 힌트를 주면, $\frac{1}{7}$은 7과 곱했을 때 1이 되잖아요? 그럼 7과 어떤 수를 곱해야 mod 10을 했을 때 나머지가 1이 나올까요?

$$7 \times \square = 1 \bmod 10$$

"7×3=21이니까 3이요!"

그렇죠! 그래서 $\frac{1}{7}$ mod 10은 3이 돼요. 이것은 나머지 연산의 이상한 성질 중 하나예요. 나머지 연산에서는 굳이 분수 형태를 고집하지 않아도 되는 경우가 많거든요. 분수를 어려워하는 사람에게는 다행일 수도 있겠네요! 이 원리를 너무 체계적으로 이해하려고 애쓰기보다는 예를 자꾸 보면서 수수께끼를 알아맞히듯이 익숙해지면 좋겠어요.

"아직 알쏭달쏭해요. 한 문제만 더 내 주세요, 교수님!"

좋아요. $\frac{1}{9}$ mod 10은 무엇일까요?

"9요! 9×9=81이니까 10으로 나누면 나머지가 1이 나와요."

$$9 \times 9 = 81 = 1 \bmod 10$$

$$\frac{1}{9} = 9 \bmod 10$$

이렇게 정리할 수 있겠네요. **$\frac{1}{a}$의 나머지 연산은 a가 되는 신기한 일도 생깁니다.** 이제 조금 더 어려운 문제로 가 볼게요. $\frac{1}{3}$ mod 7은 무엇일까요?

"3×5=15니까 7로 나누면 나머지가 1이 돼서, 정답은 5요!"

맞아요. 이렇게 $\frac{1}{a}$의 **나머지 연산**을 연습해 봤어요. 그런데 모든 수의 나머지 연산을 구할 수 있는 것은 아닙니다. 예를 들어 $\frac{1}{5}$ mod 10은 도저히 구할 수가 없어요. 5×1=5 mod 10, 5×2=0 mod 10, 5×3=5 mod 10, 5×4=0 mod 10, 5×5=5 mod 10… 이런 식으로 5의 배수는 아무리 나머지 연산을 해 봐야 0과 5밖에 안 나와요. 그러니까 $\frac{1}{5}$ mod 10도 구할 수 없겠죠. 이런 이유로 $\frac{1}{2}$ mod 10도 구할 수가 없고요. 그렇다면 $\frac{1}{a}$의 **나머지 연산이 가능하려면 a가 어때야 할까요?**

"그게 뭐였더라? 2×5=10이니까 2와 5를 10의 뭐라고 하지?"

"아, 약수! 약수일 때 불가능해요!"

네, a가 모듈러스 N의 약수면 $\frac{1}{a}$의 나머지 연산이 안 됩니다. a가 그 약수의 배수여도 안 돼요.

조금만 더 설명을 해 볼게요. 예를 들면 $\frac{1}{4}$ mod 10도 구할 수 없어요. 4는 10의 약수가 아니지만 2의 배수이기 때문에 나머지 연산을 할 수 없는 거죠. 그래서 이 조건을 정리하면, 조금 어려운 말을 사용해서 **a와 10은 서로소여야 한다**고 표현해요. '서로소'라는 말을 배운 적이 있나요?

"1 말고는 공약수가 없다는 뜻이에요."

그렇죠. 서로소라는 말을 써서 이 조건을 다음과 같이 정리할 수 있습니다.

$\dfrac{1}{a} \bmod N$이 가능하려면 a와 N은 서로소여야 한다.

우리만의 비밀 암호,
공개 키 암호

$\dfrac{1}{987}$ mod 38718748276이라는 나머지 연산을 해 보겠습니다. 숫자가 복잡해서 놀랐나요? 걱정하지 마세요. **나머지 연산 계산기**가 여기에 있으니까요. 계산기에 숫자들을 입력하니 35855051595라는 나머지 연산 결과가 금방 나옵니다.

P Modulo calculator	
Expression 1/987	Modulus 38718748276
Result 35855051595	

나머지 연산 계산기를 쓰면 이렇게 크고 복잡한 수의 계산도 금세 할 수 있어요. 구글에서 'Modular Arithmetic Calculator'라고 검색하면 웹사이트가 바로 나오니까 여러분도 다양한 수를 넣어 연습해 보세요.

자, 이제 공개 키 암호 이야기로 돌아갈게요. **공개 키 암호의 아이디어는 이렇게 큰 모듈러스로 나머지 연산을 해서 암호를 복잡하게 만드는 것입니다.** 그런데 그냥 나눗셈만 하면 역산해서 암호를 쉽게 풀 수 있기 때문에 원래의 수도 더 복잡하게 만들어야 합니다. 여기서 핵심은 **거듭제곱** 개념입니다.

"거듭제곱이면 3^2=9, 3^3=27, 3^4=81 이런 건가요?"

네, 그런데 우리 수업에서는 거듭제곱을 이런 식으로 나머지 연산 할 거예요.

$$3^2=9 \bmod 10, 3^3=7 \bmod 10, 3^4=1 \bmod 10$$

"그러니까 거듭제곱도 모듈러스로 나눈 나머지만 구하는 거 맞죠?"

잘 이해하고 있네요. 예를 들어서 설명해 볼게요. 앞에서 고양이의 암호가 뭐였죠?

"30010020이요."

이 수를 그대로가 아니라 세제곱하여 나머지 연산을 하는 거예요. 모듈러스를 상당히 큰 수인 319879487로 잡고 나머지 연산 계산기로 확인해 볼게요.

Modulo calculator

Expression
30010020^3

Modulus
319879487

Result
309930830

Symmetric representation
-9948657

이런 과정을 거쳐서 309930830이라는 나머지 연산 결과가 나왔어요. 은행에는 이 결과를 보냅니다. 원래 암호 30010020이 아니라요. 이때 은행은 제게 모듈러스 값과 지수만 미리 알려 주면 됩니다. 은행마다 모듈러스 값과 지수를 모두 다르게 잡겠죠. 이것이 바로 공개 키 암호의 기본 원리입니다.

모듈러스 319879487로 거듭제곱의 나머지 연산을 더 연습해 볼게요. 여러분도 나머지 연산 계산기로 직접 확인해 본다면 훨씬 재미있게 배울 수 있을 거예요.

23988724

1123478

56378

이 숫자들의 거듭제곱을 모듈러스 319879487로 나머지 연산을 하면 다음과 같은 결과가 나옵니다.

$$23988724^3=298072857 \bmod 319879487$$
$$1123478^3=30216111 \bmod 319879487$$
$$56378^4=64594044 \bmod 319879487$$

나머지 연산을 거치니까 처음과 상당히 다른 수가 나오죠? 지금까지 살펴본 내용을 간단히 정리할게요. **은행의 공개 키는 모듈러스 N과 지수 k입니다. 이때 a라는 비밀번호를 은행으로 보내고 싶으면 $a^k \bmod N$으로 암호화한 결괏값을 보냅니다.** 이렇게 하면 더 안심하고 사용할 수 있는 암호를 만들 수 있겠죠?

이 세상에서 나만 풀 수 있는 암호

지금까지 거듭제곱의 나머지 연산을 연습했어요. 이를 바탕으로 수수께끼의 수를 하나 찾아볼까요? 다음의 나머지 연산에서 x 값을 구해 보세요.

$$x^5 = 4 \bmod 9$$

(잠시 뒤)

"찾았어요! 아무 숫자나 막 넣어 보다가 7을 넣었더니 나머지가 4가 나왔어요."

좋아요. 이것을 나머지 연산의 언어로 정리하면 다음과 같습니다.

$$7^5 = 4 \bmod 9$$

조금 더 연습해 볼게요. 다음의 x들을 찾아보세요.

$$x^3 = 4 \bmod 11$$

$$x^7 = 3 \bmod 11$$

$$x^9 = 3 \bmod 11$$

"첫 번째 문제에서 $5^3 = 4 \bmod 11$이니까 $x=5$가 나와요."

"두 번째 문제는 $5^7 = 3 \bmod 11$이니까 $x=5$예요. $5^7 = 78125$를 11로 나누면 나머지가 3이 나와요."

"마지막 문제는 제가 풀어 볼게요! $x=4$입니다. $4^9 = 3 \bmod 11$이니까요."

모두 잘했어요! 이제 거듭제곱의 나머지 연산에 제법 익숙해진 것 같네요.

지금부터 한 단계 더 나아가 볼게요. **나머지 연산의 방정식을 푸는 법**을 연습할 거예요. $x^3 = 366205 \bmod 1364749$라는 나머지 연산이 있어요. 여기서 x를 어떻게 구할까요?

"이번에도 나머지 연산 계산기를 쓰면 되지 않을까요?"

과연 그럴까요? 방금 여러분이 했던 것처럼 나머지 연산 계산기를 써서 똑같이 계산해 보세요.

(한참 뒤)

"교수님, 답을 못 구하겠어요."

"정말 이상해요. 나머지 연산 계산기에 아무리 수를 넣어 봐도 하나도 안 맞아요."

하하하. 사실은 여러분이 나머지 연산 계산기로 답을 못 구하는 게 당연하답니다. 나머지 연산 계산기로 계산하기에는 모듈러스가 너무 크기 때문이에요. 이렇게 큰 모듈러스가 주어지면, 거듭제곱의 나머지 연산 방정식을 풀기가 매우 어렵습니다. 다른 정보가 더 없다면 가능한 모든 경우를 하나씩 시험해 보는 방법밖에 없으니까요. 이 문제에서는 130만 번 이상 나머지 연산 계산기를 돌려야 한다는 말이죠. 이 일을 우리 같은 보통 사람들이 하기는 쉽지 않습니다.

나머지 연산 자체는 굉장히 쉬운 면이 있어요. 나머지만 생각하면 되니까요. 예를 들어 $627 \times 326 \bmod 10$의 답이 뭘까요?

"2요."

그렇죠. 이렇게 금방 알 수 있어요.

$$627=7 \bmod 10$$

$$326=6 \bmod 10$$

627과 326을 각각 나머지 연산 하면 이런 결과가 나오고, 7×
6=42이니까 10으로 나누면 나머지 2만 남겠죠. 이렇게 일반적인
나머지 연산에서는 아무리 큰 수라도 계산하기가 쉬워요.

그런데 방금 살펴본 문제처럼, 세제곱의 결괏값이 주어질 때 원
래의 수를 되찾는 것은 상당히 어렵습니다. 예를 들어 546498298^3
mod 1364749를 나머지 연산 계산기로 계산하면 753589가 나옵
니다. 나머지 연산 결과는 여섯 자릿수로, 일곱 자릿수인 모듈러스
보다 한 자릿수가 줄었네요. 이렇듯 나머지 연산에서는 모듈러스
보다 작은 수의 나머지만 나옵니다. 그렇기 때문에 나머지 연산을
거치면 정보가 줄어든다는 인상을 받곤 합니다. 나머지만 취하니
까요. **이런 이유로 나머지 연산에서 원래의 수를 되찾기란 매우 어려
운 일이고, 이 사실이 공개 키 암호화에 사용됩니다. 그래서 모듈러스
N을 큰 수로 잡고 $a^k \bmod N$의 암호화 과정을 거치면 그 결괏값을
가로채도 원래의 a를 알 수가 없는 것입니다.**

그렇다면 은행에서는 원래의 암호를 어떻게 되찾을까요? 은행은
고객이 입력한 암호가 원래의 암호와 맞는지 확인해야 하잖아요.

지금부터 은행이 암호를 되찾는 과정을 보여 줄게요.

각자 비밀번호를 하나씩 생각해 보세요. 그러고 그 비밀번호를 다음과 같은 조건의 나머지 연산을 써서 암호로 만들어 보세요.

- **100만 이하의 수**
- **모듈러스 1364749**
- **지수 3**

모두 암호를 잘 만들었나요? 이제 한 명씩 제게 결괏값을 이야기해 주세요. 이제부터 제가 은행이에요. 지금 여러분은 암호화된 비밀번호를 '민형 은행'으로 보내는 겁니다.

- **주안의 암호: 615091**
- **보람의 암호: 840562**
- **아인의 암호: 232793**

자, 그럼 제가 암호화된 비밀번호를 해독해서 원래의 비밀번호를 찾아볼게요.

제가 알아낸 여러분의 비밀번호는 이렇습니다. 모두 맞나요?

- **주안의 비밀번호: 653265**
- **보람의 비밀번호: 940912**
- **아인의 비밀번호: 91107**

"우아, 맞아요!"

"역시 교수님!"

하하하. 다 맞혔네요. 모듈러스와 지수를 알고 있더라도(공개 키) 암호화된 메시지로부터 원래 수를 되찾는 것은 굉장히 어려운 일입니다. 그런데 저는 은행이니까 비밀 정보를 하나 더 가지고 있는 덕분에 암호를 풀 수 있었어요.

"비밀이 뭔지 궁금해요. 저희에게도 알려 주세요!"

그 비밀 정보는 모듈러스 1364749에 있어요. 1364749를 소인수 분해 하는 법을 제가 알고 있거든요. 1364749는 1301과 1049 두 소수의 곱으로 이루어진 수예요. 이 사실을 알고 있으면 암호를 푸는 게 쉬워지죠.

"왜요?"

그 이유는…….

"그런데 교수님, 해커가 소인수 분해에 성공하면 암호를 풀 수 있지 않나요?"

자, 한 명씩 천천히 질문해 주세요. 먼저 두 번째 질문에 대해서 대답할게요. 여러분은 소인수 분해를 잘하나요?

"완전 잘해요!"

"저는 별로……."

"소인수 분해가 뭐였더라? 하핫."

100을 소인수 분해 하라고 하면 쉽게 할 수 있죠? 그런데 6643 을 소인수 분해 하라고 하면 어때요?

"으악! 방금 잘한다고 했던 말 취소할래요."

그렇죠. 이렇게 네 자릿수만 돼도 소인수 분해가 어려워집니다. 하물며 200 자릿수 정도가 되면 아무리 성능이 좋은 컴퓨터로도 소인수 분해를 하기가 굉장히 힘들어집니다. 아마 지금으로부터 수천 년 뒤에야 계산을 끝낼 수 있을 거예요.

"그런데 교수님은 어떻게 1364749를 소인수 분해 하셨어요?"

처음부터 소수 1301과 1049를 곱해서 모듈러스를 만들었거든요. 그래서 저는 당연히 소인수 분해 결과를 알고 있었어요.

"앗, 그건 반칙 아닌가요?"

하하하. 실은 은행에서도 이런 방식으로 암호를 만들고 있답니다. 은행에서는 두 개의 굉장히 큰 소수 p, q를 곱해서 모듈러스 $N=pq$를 만듭니다. 그리고 적당한 지수 k와 함께 공개 키를 만들죠. 그러면 해커가 모듈러스 N과 지수 k를 알아도 나머지 연산의 거듭제곱 방정식을 풀 수가 없어요. 암호를 중간에서 가로채 봤자 해독을 못 하겠죠.

"오, 그렇군요! 그런데 소인수 분해를 알고 있으면 암호를 쉽게 풀 수 있는 이유는 뭔가요?"

"아까 설명해 주기로 하셨던 거요."

모두 잊지 않고 잘 기억하고 있네요. 이번에는 답을 먼저 알려 줄 게요. 암호를 푼다는 것은 $b=a^k \bmod N$으로부터 a를 되찾는 일이 잖아요? 모듈러스 N의 소인수 분해 $N=pq$를 알고 있으면 다음의 방법을 이용하면 됩니다.

1. $m=(p\text{-}1)(q\text{-}1)$을 계산한다.

2. $e=\dfrac{1}{k} \bmod m$을 계산한다.

   이것 때문에 k와 m이 서로소가 되도록 잡아야 한다.

3. $b^e \bmod N$을 계산한다.

이렇게 하면 신기하게도 원래의 a 값이 나옵니다. $b=a^k \bmod N$ 이었으니까 $e=\dfrac{1}{k} \bmod m$이면 $(a^k)^e=a \bmod N$이 된다는 사실이 핵심입니다.

설명만으로는 조금 어렵죠? 구체적인 예를 들어 실험해 볼게요. 앞에서 암호를 만들 때 사용한 모듈러스는 1364749였습니다. 1364749=1301×1049이니까 m=1300×1048=1362400입니다. 지수 k=3이니까 나머지 연산 계산기를 써서 $h=\frac{1}{3}$ mod 1362400을 계산합니다. 그러고 나서 b^h mod N에 세 사람의 암호 b를 각각 넣으면 되는데, 이 과정을 정리하면 다음과 같습니다.

1. m=1300×1048=1362400
2. $e=\frac{1}{3}$=908267 mod 1362400
3. 주안: 615091^{908267}=653265 mod 1364749

   보람: 840562^{908267}=940912 mod 1364749

   아인: 232793^{908267}=91107 mod 1364749

제가 이런 방법으로 여러분의 비밀번호를 찾았답니다. 이 방법의 핵심이라고 언급한 $e=\frac{1}{k}$ mod $(p\text{-}1)(q\text{-}1)$이면 $(a^k)^e=a$ mod pq가 된다는 것에 대한 자세한 설명은 다음 수업에서 이어 가겠습니다.

해커들은 어떻게 비밀번호를 알아낼까요?

세상에서 가장 어려운 암호가 제일 좋은 암호일까요?

: 은행에서 이렇게 안전하게 우리의 비밀번호를 관리하고 있었네요! 그런데도 왜 개인 정보를 해킹하는 사건이 계속 일어날까요?

: 그렇죠. 잊을 만하면 일어나는 사건이죠.

: 암호를 더 어렵게 만들어야 하지 않을까요?

: 무작정 비밀스러운 암호를 만들려고 하면 지금보다 훨씬 복잡하고 어려운 암호를 만들 수는 있어요. 그런데 우리의 목적은 무작정 풀기 어려운 암호를 만드는 게 아니라, 많은 사람이 쉽게 사용하면서도 외부에서는 풀기 어려운 암호를 만드는 것이랍니다.

: 쉬우면서도 어려운 암호라…… 듣기만 해도 복잡하네요.

: 오늘날 널리 사용하고 있는 공개 키 암호화 방법은 'RSA 암호'입니다. 1977년 로널드 라이베스트(Ronald Rivest), 아디 샤미르(Adi Shamir), 레너드 애들먼(Leonard Adleman)이 함께 개발한 암호 체계인데, 개발자들 이름의 앞 글자를 따서 RSA 암호라고 부릅니다.

: RSA 암호! 은행 사이트에서 본 것 같아요.

: RSA 암호는 원래의 공개 키 암호의 약점을 소인수 분해를 써서 보완했습니다. 공개 키 암호의 완성도를 높이려고 여기저기서 노력하고 있지만 해킹 사건은 계속 일어나고 있죠. 여기에는 다양한 이유가 있겠지만, 웹사이트에 저장된 개인 정보 자체가 유출되는 경우가 많다고 해요. 비밀번호를 암호화하지 않고 그대로 저장하는 웹사이트가 여전히 많다는 뜻이죠.

꼭 풀지 않아도 되는 암호도 있어요

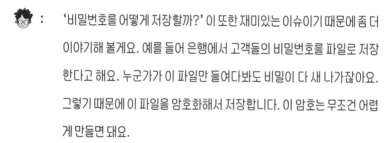

: '비밀번호를 어떻게 저장할까?' 이 또한 재미있는 이슈이기 때문에 좀 더 이야기해 볼게요. 예를 들어 은행에서 고객들의 비밀번호를 파일로 저장한다고 해요. 누군가가 이 파일만 들여다봐도 비밀이 다 새 나가잖아요. 그렇기 때문에 이 파일을 암호화해서 저장합니다. 이 암호는 무조건 어렵게 만들면 돼요.

: 네? 방금 전에는 너무 어려운 암호는 안 된다고 하시지 않았나요?

: 하하하. 맞습니다. 지금 제가 말하는 암호는 RSA 암호가 아니라 '해시 함수'로 만드는 암호예요. 해시 함수는 공개 키 암호와 비슷하지만 전혀 풀 필요가 없는 암호를 만듭니다. 그래서 무조건 어렵게 만들면 되는 거예요.

: 풀지 않아도 되는 암호가 있나요?

: 네, 저도 구체적인 방법은 잘 모르니까 간략하게 설명해 보겠습니다. 이제부터 해시 함수를 f라고 부를게요. 은행에서는 고객의 비밀번호 a를

해시 함수 $f(a)$로 암호화하여 저장합니다. f는 두 가지 성질을 가져야 합니다. **첫째, f는 일대일 함수여야 합니다.** 즉 a와 b가 다르면 $f(a)$와 $f(b)$도 다르다는 것이죠. **둘째, a로부터 시작하는 $f(a)$의 계산은 쉽지만, $f(a)$로부터 a를 되찾는 것은 무조건 어려워야 합니다.**

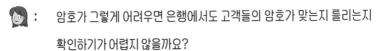

: 암호가 그렇게 어려우면 은행에서도 고객들의 암호가 맞는지 틀리는지 확인하기가 어렵지 않을까요?

: 의외로 답은 간단해요. 비밀번호 자체가 아니라 해시 함수로 변형된 암호들을 비교하는 거예요. 고객들이 입력하는 비밀번호도 해시 함수를 써서 암호화한 뒤 은행에서 저장하고 있는 암호와 비교만 하면 되겠죠? 고객이 비밀번호 a를 입력하면 즉시 $f(a)$를 계산해서 저장된 값과 비교하는 겁니다. 그러면 원래의 비밀번호를 그대로 저장할 필요가 전혀 없어요.

: 아하!

해시 함수 있고 없고, 한 끗 차이로 막을 수 있는 재앙

: 누군가가 은행에서 보관 중인 암호 파일을 찾으면 어떡하죠?

: 그래서 해킹이 되는 건가요?

: 그래도 아무 문제가 없답니다. 예를 들어 제 비밀번호가 1234라고 해요. 해시 함수를 써서 굉장히 복잡한 암호화 과정을 거쳐 9768로 바꾼 뒤 그 정보를 은행에 저장합니다. 그럼 제가 은행에 접속할 때마다 1234라는

비밀번호를 입력하면, 은행 시스템에서 $f(1234)$라는 함수를 써서 암호화된 비밀번호를 만들어 냅니다. 그러고는 은행에 저장된 파일과 비교만 하면 되겠죠. 여기까지 이해가 가나요?

 : 네!

 : 만약 누군가가 은행에서 보관 중인 파일을 훔쳐 제 은행 계좌에 9768을 입력했다고 해요. 그러면 은행 시스템은 $f(9768)$ 이런 식으로 함수를 적용해서 $f(1234)$와 전혀 다른 번호를 만들어 버립니다. 그러니까 은행에 저장된 암호를 알더라도 제 계좌에 접근하는 일은 불가능하죠.

 : 생각보다 간단한 원리네요.

 : 그런데 해시 함수를 제대로 적용하지 않고 비밀번호를 그대로 저장하는 회사가 아직도 꽤 많습니다.

 : 원래의 1234 상태로 저장하는 거죠?

 : 네. 만약 이 상태에서 파일이 유출되면 비밀번호를 바로 알아낼 수 있겠죠. 그렇기 때문에 암호 파일을 저장할 때는 항상 해시 함수를 적용하는 게 중요해요. 간단한 아이디어인 것 같지만, 이 차이가 보안 능력을 굉장히 높여 준답니다.

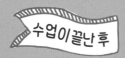

수업이 끝난 후

다섯 번째 수업

풀어라:
암호 해독 대작전

페르마의 작은 정리, 오일러 정리, 나머지 연산 2

수학 난제 연구 센터

오늘은 동대문 수학 클럽의 마지막 모임이 있는 날. 저녁을 먹고 나니 시계가 벌써 7시 50분을 가리키고 있다. 부랴부랴 화상 회의 링크에 접속했는데, 하얀 바탕 위 '잠시만 기다려 주십시오'라는 메시지가 괜스레 쓸쓸하게 느껴진다. 세련된 인테리어의 회의실? 하와이 느낌의 바다? 애꿎은 배경 화면만 바꾸다 보니 이윽고 8시, 드디어 반가운 얼굴들이 나타났다. 벌써 마지막 수업이라니. 고등과학원에서 첫 수업을 했던 날에는 당장이라도 도망가고 싶었는데, 수업이 끝나는 게 이렇게 아쉬워질 줄이야……

민형

영국은 조금 쌀쌀해졌어요.
한국은 어떤가요?

여기는 아직도 엄청 더워요.

보람

주안

교수님, 오늘 정아인 학생이 질문을
준비해 왔다고 합니다!

뭐래?

아인

주안

우리 지난번에 수업 끝나고
이야기하면서 질문할 것들 적었잖아.

아…… 질문을 적어 둔 스마트폰을
다른 방에 두고 왔어요. 하하하.

아인

민형

그래도 기억할 수 있겠죠?
어떤 질문을 할지 기대되네요.
자, 그럼 마지막 수업을 시작해 볼까요?

내 비밀번호는
나머지 연산으로 철통 방어!

다들 지난 시간에 배운 나머지 연산을 잘 기억하고 있나요? 잠깐 복습해 볼게요. 이건 무슨 뜻이었죠?

$$a \bmod n$$

"a를 n으로 나눈 나머지요."

그렇죠. 그 나머지를 r이라고 할게요. 우리가 지금까지 학교에서 배운 식으로 표현하면 등호를 써서 $a \bmod r = n$이라고 할 것 같지만, 나머지 연산에서는 그 결과를 다음과 같이 썼습니다.

$$a=r \bmod n$$

예를 들어 27을 10으로 나눈 나머지가 7이라는 나머지 연산 결과를 표현할 때, 27 mod 10=7이 아니라 27=7 mod 10으로 쓴다는 말입니다.

그리고 a와 b를 n으로 나눈 나머지가 서로 같을 때 a mod $n=b$ mod n이라고 쓰는데, 더 간략하게 다음과 같이 표현합니다.

$$a=b \bmod n$$

실제 숫자를 써서 설명하면 117=27 mod 10이라고 할 수 있죠. 117과 27은 10으로 나누었을 때 나머지가 7로 같으니까요. **$a=b$ mod n이라고 하면 'a를 n으로 나눈 나머지가 b'라는 뜻일 수도 있지만, 일반적으로는 'a를 n으로 나눈 나머지와 b를 n으로 나눈 나머지가 같다'라는 뜻입니다.** 물론 a mod $n=b$ mod n이라고 분명히 구분해서 쓰는 경우도 있습니다.

$a=b$ mod n이라면 $a-b$ mod n의 결과는 어떨까요? 예를 들어서 117−27 mod 10은 어떻죠?

"117−27=90이니까 90=0 mod 10이에요."

그렇죠. 일반적으로 다음과 같은 사실이 성립합니다.

$$a=b \bmod n\text{이면, } a-b=0 \bmod n\text{이다.}$$

a와 b를 n으로 나눈 나머지를 r이라고 하고 각각의 몫을 k, h라고 하면, $a=kn+r$, $b=hn+r$ 꼴의 수가 되겠죠? 따라서 $a-b=(kn+r)-(hn+r)=(k-h)n$이므로 n의 배수가 됩니다. 그러므로 $a-b$를 n으로 나눈 나머지는 0이 되죠.

여기까지 잘 따라왔나요? 이어서 거듭제곱의 나머지 연산도 복습하겠습니다. 거듭제곱의 나머지 연산은 굉장히 쉬워요. 만약 3^{100} mod 10을 구할 경우 3^{100}을 직접 계산한다면 무척 복잡할 거예요. 그렇지만 나머지 연산에서는 꽤 간단합니다. 3의 제곱을 거듭하면서 mod 10 값을 구하면 다음의 결과가 나옵니다.

$$3^2=9 \bmod 10$$

$$3^3=7 \bmod 10$$

$$3^4=1 \bmod 10$$

그럼 3^{100} mod 10은 얼마일까요?

"1이요."

"우아, 주안이 천재인가? 어떻게 알았지?"

지수의 성질을 알면 금방 풀 수 있는 문제예요. $3^{100}=(3^4)^{25}$이잖아요. 그러니까 $3^{100}=(3^4)^{25}=1^{25}$ mod 10이 되죠. 상대적으로 단순한 예를 들어 설명했지만 더 복잡한 경우에도 마찬가지예요.

3^{123} mod 10은 얼마일까요? 힌트를 하나 주면, $3^{123}=3^{100}\times3^{23}$이라는 사실을 활용하세요. $3^{100}=1$ mod 10이었죠. 그럼 3^{23} mod 10만 구하면 되겠네요.

"$3^{23}=3^{20}\times3^3=(3^4)^5\times3^3$이니까 $3^{23}=3^3=27=7$ mod 10이에요."

"그럼 $3^{123}=7$ mod 10이겠네요!"

이렇듯 **거듭제곱의 나머지 연산은 쉽지만, 나머지 연산의 거듭제곱 방정식은 굉장히 어려워요. 그러니까 a^k mod N이 주어졌을 때 a를 되찾는 일은 힘들다는 뜻이에요.** 거듭제곱의 나머지 연산은 컴퓨터로 하면 더 쉽게 계산할 수 있거든요. 그런데 나머지 연산의 거듭제곱 방정식은 컴퓨터로도 구하기 어려워요. 모듈러스 N이 커질수록 더욱 어려워집니다.

직접 확인해 볼까요? 지난 시간에 사용한 나머지 연산 계산기를 다시 켜 볼게요. 모듈러스를 10으로 놓고, 3의 123제곱(3^123)을 입력하면 결괏값으로 7이 나옵니다.

```
P Modulo calculator

Expression                                          Modulus
3^123                                               10



Result
7
```

또한 모듈러스 값을 크게 키워도 웬만해선 쉽게 계산할 수 있어
요. 다음과 같이 모듈러스를 10332199874로 키웠는데도 금방 계
산해 냅니다.

```
P Modulo calculator

Expression                                          Modulus
3^123                                               10332199874



Result
2024981851
```

모듈러스 값을 아무리 키워도 빠르게 연산할 수 있는 이유는 결
괏값이 그리 크지 않기 때문이에요. 모듈러스 값보다 결괏값이 항
상 작기 때문에 효율적으로 연산할 수 있죠. 하지만 바로 그 사실
때문에 수의 길이와 크기가 담고 있는 정보가 자꾸 사라지면서 거
듭제곱근을 찾는 일은 더 어려워집니다.

"길이와 크기의 정보요?"

크기의 정보가 얼마나 중요한지 살펴볼게요. x^2=1000000이면 x=1000이라는 사실을 추측할 수 있죠. x^2=100000000이면 x=10000일 거고요. 그렇다면 x^2=107060409일 때의 x는 어떨까요? 대략 10000보다 좀 더 큰 수라는 사실은 금방 알 수 있겠죠. 이런 식으로 수의 크기를 짐작한 다음에 실험을 통해서 x의 값을 찾아보는 일은 그다지 어렵지 않아요.

예를 들어 10500^2=110250000이거든요. 따라서 x가 10000과 10500 사이의 수라는 것을 알 수 있죠. 이번에는 좀 더 범위를 좁혀 10300^{2}의 값을 구해 볼까요? 106090000이 나오네요. 그렇다면 10300과 10500 사이의 수로 x의 범위를 한 번 더 좁힐 수 있습니다. 이런 식으로 근사계산을 계속해 나가면 곧 x=10347이라는 정답에 이를 수 있습니다.

그러므로 제곱근을 찾을 때 길이와 크기의 정도가 상당히 많은 정보를 준다는 사실을 확인할 수 있습니다.

"교수님, 길이라는 건 자릿수인가요?"

네, 맞아요. 예를 들어 1억이라고 하면 수의 길이, 즉 수의 개수가 9개이므로 아홉 자릿수입니다. 그러니까 여기서 '길이'는 수의 자릿수가 얼마나 긴가를 말합니다.

한 자릿수를 제곱하면 보통 두 자릿수가 됩니다. 두 자릿수를 제곱하면 어떻게 되죠?

"세 자릿수인가요?"

50^2은 얼마죠?

"2500이에요. 두 자릿수를 제곱하면 네 자릿수가 되기도 하는군요!"

맞아요. 세 자릿수 혹은 네 자릿수가 됩니다. 그럼 세 자릿수인 500^2은 어떨까요?

"여섯 자리요!"

이런 식으로 정량적·정성적 분석을 연습해 보는 게 좋아요. 수에 익숙해질 수 있거든요. 그럼 어떤 수 a의 자릿수를 제곱하면 길이가 어느 정도 될까요?

"두 배씩 늘어나요."

그렇죠. 그럼 세제곱을 하면 세 배쯤 늘어나고, 네제곱을 하면 네 배쯤 늘어나겠죠. 그러므로 a^2을 보면 원래 그 수의 길이가 어느 정도였는지를 쉽게 짐작할 수 있습니다. 이런 이유로 a^k에서 a를 찾는 일도 어렵지 않고요. 그런데 나머지 연산을 거치고 나면 이 정보들이 모두 사라지기 때문에 원래의 수를 알아내는 일이 훨씬 어렵다는 사실을 좀 더 자세히 살펴봤습니다.

N=108479011759769393727176308457457051185868282
02028229648190667018102389154815514421272511778
88186309079413830042779189217243596983268111 0
07982122877771563738540251604624169702077130 1
04026843303779002492729208211964189944346895
42195444008546643909734552918562196237000260
81173601699583045009450660122318088368811836 7
19361773293958581072031821966021171073380821517
40484847947310115784597211618760522571466879 91
97831572504374481352069146781952182540972542 19
24282740640715767718923851036438509804069110 5
41415248000720606907056103122751808376882404
23596676859736979681916191592932997560462347 01
08492326664937

"헉, 이게 뭔가요 교수님? 눈앞이 핑핑 도는 느낌이에요."

우리가 은행 사이트 같은 곳에서 사용하는 공개 키 암호에서 N 의 길이는 이 정도입니다.

"우아!"

하하하. 모듈러스가 이 정도로 길기 때문에 a^k으로부터 a를 되찾기가 상당히 어려울 수밖에 없겠죠.

또 하나 중요한 사실은, **모듈러스 N을 알더라도 그 N을 소인수 분해 하기가 상당히 어렵다는 점입니다.** 방금 본 크기의 N을 소인수 분해 할 수 있을 것 같나요?

"아니요. 절대 못 할 것 같아요."

이 정도 크기의 수라면 컴퓨터로도 못 할 거예요. 그런데 저는 다음과 같이 소인수 분해를 했습니다.

20395687835640197740576586692903457728019388331434826309477264645328306272270127763293661606314408817331237288267712387953870940015830656733832827915449969836607190676644002707421711780569087279284814911202228633214487618337632651208357482164793399296124991731983621930427428024380310401500056379 0123

×

531872289054204184185084734375133399408303613982130856645299464930952178606045848877129147

8203879964281755642282047858461412075324629363398341394124019753387057946465954873243651947928221894730922739935805879645716596780844841526038810941769955948133022842320060017521281689012935600518334668814362199

제가 어떻게 이렇게 큰 수를 소인수 분해 할 수 있었을까요?

"교수님이 천재라서……?"

"지난번에 배웠잖아! 소수 두 개를 곱해서 N을 만드신 거죠?"

하하하. 이제 여러분을 속일 수가 없겠네요. 소수 두 개를 먼저 고른 다음에 그것들을 곱해서 N을 만들었어요. 그래서 이렇게 큰 수의 소인수 분해를 할 수 있었죠. 특별히 천재적인 계산 방법이 따로 있는 건 아니에요.

먼저 N을 만들 때 300자리 소수 두 개를 찾았어요. 이 300자리 소수는 어떻게 찾을까요? 이게 또 쉬운 일이 아니에요. 그래서 지금도 수학자들이 큰 소수를 찾는 방법을 열심히 개발하고 있어요. 인터넷에 검색해 보면 큰 소수들의 목록을 볼 수 있답니다.

예를 들어 20자리 소수를 찾는다고 해요. 구글에서 'primes with 20 digits'라고 검색하면 다음과 같은 결과가 나옵니다.

Google   primes with 20 digits   ✕   ⌨   🎤   🔍

Q 전체   🖼 이미지   📰 뉴스   ▶ 동영상   🛍 쇼핑   ⋮ 더보기   도구

검색결과 약 787,000개 (0.57초)

Ten random 20 digit primes

- 48112959837082048697.
- 54673257461630679457.
- 29497513910652490397.
- 40206835204840513073.
- 12764787846358441471.
- 71755440315342536873.
- 45095080578985454453.
- 27542476619900900873.

더보기

이런 식으로 300자리 소수들을 찾아서 N을 만들었어요. 이렇게 소수 조합을 알고 숫자를 만든 경우가 아니라면, 일반적으로 이만큼 큰 수의 소인수 분해는 컴퓨터로도 상당히 어려워요.

물론 이렇게 널리 알려진 소수를 암호에 사용하면 안 되겠죠? 그래서 큰 소수를 효율적으로 계속 만들어 내는 방법이 굉장히 중요하답니다. 이것은 일종의 첨단 연구라고 할 수 있어요.

암호 해독의 열쇠 1: 페르마의 작은 정리

지금부터는 나머지 연산 방정식을 쉽게 푸는 비결을 알아보겠습니다. 앞에서는 모듈러스 N으로 나눈 나머지 연산을 살펴봤는데, 여기서 N이 소수일 때 재미있는 현상이 일어납니다. 소수는 영어로 'Prime Number'이기 때문에 모듈러스가 소수인 경우에는 N 대신 p라고 할게요. 핵심은 p의 배수가 아닌 임의의 자연수 a를 잡고 $a^{p-1} \bmod p$를 계산하면 1이 된다는 것입니다. 이때 모듈러스와 지수에 들어가는 p가 같은 소수라는 것이 중요한 조건입니다.

소수 p가 a의 약수가 아닌 경우

$$a^{p-1} = 1 \bmod p \text{이다.}$$

이를 일컬어 **페르마의 작은 정리**라고 합니다. 앞에서 살펴본 **페르마의 마지막 정리**와 구분하기 위해 '작은 정리'라는 이름을 붙였어요.

페르마의 작은 정리 덕분에 모듈러스가 소수일 때는 거듭제곱의 나머지 연산이 쉬워집니다. 예를 들어 $p=5$인 경우의 나머지 연산을 해 볼게요. $p-1=4$이므로 $3^4=1 \bmod 5$ 이런 결과가 나옵니다. 이를 바탕으로 $3^{100} \bmod 5$를 계산하면, $3^{100}=(3^4)^{25}=1^{25}=1 \bmod 5$ 이런 식으로 거듭제곱의 나머지 연산을 쉽게 할 수 있답니다.

연습 삼아서 $a=7$, $p=11$인 경우의 나머지 연산을 해 볼까요?

"$p-1=10$이니까 $7^{10}=1 \bmod 11$이 돼요."

잘했어요. 그럼 이 결과를 바탕으로 $7^{1345} \bmod 11$을 계산하면 어떻게 될까요? 힌트를 주면, $7^{1345}=7^{1340} \times 7^5$ 이렇게 나눠서 나머지 연산을 해 보세요.

"$7^{1340}=(7^{10})^{134}=1 \bmod 11$이에요."

네, 이제 7^5만 남았어요. 계산이 필요할 수도 있겠네요. $7^2=49=5 \bmod 11$이죠. 따라서 $7^5=7^2 \times 7^2 \times 7=5 \times 5 \times 7 \bmod 11$ 이렇게 정리할 수 있습니다. 그런데 $5 \times 5=25=3 \bmod 11$이므로 최종적으로 $7^{1345}=1 \times 3 \times 7=21=10 \bmod 11$이 됩니다.

$$7^2=49=5 \text{ mod } 11 \rightarrow 7^5=7^2\times7^2\times7=5\times5\times7 \text{ mod } 11$$

$$5\times5=25=3 \text{ mod } 11 \rightarrow 5\times5\times7=3\times7 \text{ mod } 11$$

$$7^{1345}=1\times3\times7=21=10 \text{ mod } 11$$

"너무 신기해요! 어떻게 이런 일이 일어나는 건가요?"

반가운 질문이네요. 거기에 답하려면 페르마의 작은 정리의 증명 과정을 함께 살펴봐야 하는데, 여기에서 설명하기에는 너무 복잡하기 때문에 생략할게요. 수학에서 어떤 사실이 주어졌을 때, 그 사실을 자꾸 활용하면서 익숙해진 다음에 증명을 살펴보는 것도 좋은 방법이랍니다. 우리도 이제부터 페르마의 작은 정리를 마음껏 활용할 텐데요, 그 증명은 나중에 여러분 스스로 찬찬히 공부해도 충분할 거예요.

이진법이 왜 중요할까요?

정보화 시대에 접어들어 이진법은 더욱 중요해졌습니다. 십진법만으로도 충분한데 왜 굳이 이진법까지 알아야 할까요? 그건 이진법이 컴퓨터의 언어이기 때문이에요. 이진법이란 0과 1로 숫자를 표현하는 방식으로, 십진법과 비슷한 원리로 수 체계를 쌓아 갑니다.

이진법을 사용하면 숫자의 길이가 십진법을 쓸 때보다 길어져요. 약 3배 정도 길어지지만, 여전히 작대기보다는 이진법이 훨씬 효율적이죠. 이진법과 십진법을 썼을 때의 차이는 다음과 같습니다.

$$0 \rightarrow 0$$
$$1 \rightarrow 1$$
$$2 \rightarrow 10$$
$$3 \rightarrow 11$$
$$4 \rightarrow 100$$
$$5 \rightarrow 101$$
$$\vdots$$
$$100 \rightarrow 1100100$$

그렇다면 이진법의 장점은 무엇일까요? 수를 기계 부품이라고 생각하면 쉽게 이해할 수 있습니다. 단 두 가지의 기본 부품으로 무엇이든 조립해서 만들 수 있는 거죠. 컴퓨터에 저장되는 수가 0과 1의 조합만으로 이루어지는 것처럼요.

컴퓨터 안에 디지털 정보를 저장하는 반도체 역시 이진법을 사용합니다. 반도체란 전류가 흐르는 도체와 전류가 흐르지 않는 부도체의 성질을 모두 가지고 있는 물질이에요. 전류를 흐르게 할 수도, 흐르지 않게 할 수도 있으며, 두 상태의 전환은 쉽게 이루어집니다.

전류가 흐르는 반도체를 1, 흐르지 않는 반도체를 0이라고 하면 반도체를 '1101'과 같이 나열함으로써 수를 컴퓨터에 저장할 수 있어요. 거기에 '10'을 더하는 연산을 하면 '1111'이 되는데, 반도체 하나의 상태만 바꾸면 수를 또 쉽게 저장할 수 있습니다. 만약 십진법을 썼다면 각각 다른 상태의 열 가지 부품이 필요해서 더 복잡했을 거예요.

암호 해독의 열쇠 2: 오일러 정리

앞에서는 모듈러스가 소수인 경우 거듭제곱의 나머지 연산에서 일어나는 신기한 현상인 페르마의 작은 정리에 대해 알아봤습니다. 지금부터는 우리가 처음부터 관심을 가지고 있었던 모듈러스 N이 두 소수의 곱인 경우를 살펴볼게요.

문제 해결의 아이디어는 이렇습니다. 서로 다른 소수 p, q의 곱으로 이루어진 모듈러스 N, 그리고 N과 서로소인 a가 있습니다. 이때 $a^{(p-1)(q-1)}$을 모듈러스 N으로 나머지 연산을 하면 1이 나옵니다.

a가 N과 서로소이면

$$a^{(p-1)(q-1)} = 1 \bmod N \text{이다.}$$

이 내용을 **오일러 정리**라고 해요. 페르마의 작은 정리를 조금 더 일반화했다고 생각하면 됩니다. 페르마의 작은 정리 때문에 a^{p-1} mod p는 항상 1이었잖아요? 마찬가지로 a^{q-1} mod q의 결괏값도 항상 1이죠. 그런데 $a^{(p-1)(q-1)}$은 다음과 같은 두 가지 방식으로 쓸 수 있습니다.

$$a^{(p-1)(q-1)} = \{a^{(p-1)}\}^{(q-1)}$$

$$= \{a^{(q-1)}\}^{(p-1)}$$

그러므로 페르마의 작은 정리를 적용하면 다음의 두 가지 식 모두 성립합니다.

$$a^{(p-1)(q-1)} = 1 \bmod p$$

$$a^{(p-1)(q-1)} = 1 \bmod q$$

그러면 $a^{(p-1)(q-1)} - 1$은 어떤 성질이 있을까요? 나머지가 1인 수에서 1을 빼니까 나머지 연산의 결과는 0이 됩니다.

$$a^{(p-1)(q-1)} - 1 = 0 \bmod p$$

$$a^{(p-1)(q-1)} - 1 = 0 \bmod q$$

이렇게 둘 다 성립하는데 나머지가 0이 된다는 건 무슨 뜻일까요?

"$a^{(p-1)(q-1)}-1$이 p의 배수이면서 q의 배수이기도 하다는 뜻 아닐까요?"

그렇습니다. 그래서 $a^{(p-1)(q-1)}-1$은 N의 배수가 되기도 하겠죠. 이것은 소수의 아주 중요한 성질입니다.

자연수 M이 서로 다른 소수 p와 q의 배수이면
M은 pq의 배수다.

그 이유는 소인수 분해를 생각해 보면 간단해요. M이 p의 배수이면 M의 소인수 분해에 p가 나타나죠. 마찬가지로 M이 q의 배수이면 M의 소인수 분해에 q가 나타납니다. 그렇다는 것은 소인수 분해를 했을 때 $M=pq\times$(다른 소인수들)의 꼴로 표현할 수 있다는 뜻이겠죠? 그러므로 M은 pq의 배수가 될 수밖에 없습니다. 이 말을 식으로 정리하면 다음과 같은 결과를 얻을 수 있습니다.

$$a^{(p-1)(q-1)}-1=0 \bmod N$$
$$\downarrow$$
$$a^{(p-1)(q-1)}=1 \bmod N$$

"앗, 왜 이렇게 되는 건가요?"

$a^{(p-1)(q-1)}-1=0 \bmod N$은 $a^{(p-1)(q-1)}-1$이 N으로 나누어떨어진다는 뜻이잖아요? 즉 $a^{(p-1)(q-1)}-1$이 N의 배수라는 말이죠. 이 나눗셈의 몫을 d라고 하면 $a^{(p-1)(q-1)}-1=dN$입니다. 그러면 $a^{(p-1)(q-1)}=dN+1$이니까 $a^{(p-1)(q-1)}$을 N으로 나누었을 때의 나머지가 무엇일까요?

"1이요."

그렇죠. 그래서 $a^{(p-1)(q-1)}=1 \bmod N$이 됩니다.

실제 숫자를 넣어서 오일러 정리를 확인해 볼까요? $a=2$, $N=3\times5=15$로 잡을게요. 그러면 다음과 같은 식이 되겠네요.

$$2^{(3-1)(5-1)}=2^{2\times4}=2^8$$

$$2^8=? \bmod 15$$

$2^4 \bmod 15$를 나머지 연산 하면 뭐가 나오죠?

"1이요."

맞아요. 그러면 $2^8 \bmod 15$도 1이 되겠죠.

하나만 더 연습해 볼까요? 이때 $a=3$, $N=3\times5=15$로 잡으면 오일러 정리를 쓸 수 없어요. a와 N이 서로소가 아니니까요. 그래서

a=2, N=3×7=21로 잡을게요. 그러면 $(p-1)(q-1)$을 계산한 값이 어떻게 될까요?

"2×6=12요."

$$2^{12} =? \bmod 21$$

$2^5 \bmod 21$을 연산하면 2^5=32이니까 11이 나오네요. $2^{10} \bmod 21$을 연산하면 11×11=121이니까 121÷21을 하면 나머지가 16이 되고요. $2^{12}=2^{10}×2^2 \bmod 21$을 연산하면 16×4=64니까 64÷21을 하면 나머지가 1이 나옵니다.

지금까지 오일러 정리를 확인했습니다. 이제부터는 오일러 정리를 활용하는 법을 알아볼게요.

드디어 밝혀진
숫자 마술의 비밀

오일러 정리를 활용할 수 있는 작업은 굉장히 많아요. 우리 수업에서는 암호와 오일러 정리의 관계에 집중하겠습니다. 지난 시간에 공개 키 암호를 푸는 일이 굉장히 어렵다는 이야기를 했는데 모두 기억하고 있나요?

"네!"

공개 키 암호의 아이디어를 잠깐 복습할게요. 동대문 은행이 모듈러스 N과 지수 k를 정해서 공개 키로 발표해요. 이때 k 값을 세심하게 정해야 하는데, 이건 조금 뒤에 다시 이야기할게요. $N=p \times q$, 즉 N은 소수 p와 q를 곱해서 만들어진 수로 이 소인수 분해는 은행만 알고 있습니다. 모듈러스 N, 지수 k는 발표하지만 소인수 p, q

는 발표하지 않는 거예요. N은 매우 큰 수이기 때문에 N으로부터 p, q를 되찾는 것은 불가능에 가깝습니다.

"아까 교수님께서 보여 주셨던 그 어마어마한 수처럼 N도 큰 수인가요?"

그렇죠! 제가 그 수를 어떻게 만들었다고 했죠?

"교수님께서 원래 알고 있던 300자리 소수 두 개를 곱했다고 하셨어요."

잘 기억하고 있네요. 이러한 공개 키 암호 방식으로 누가 제게 a라는 메시지를 보낸다고 해요. a를 k제곱한 다음에 mod N을 해서 b로 암호화한 다음에 전송하는 거예요($a^k = b$ mod N). 그러면 해커가 중간에서 b를 손에 넣더라도 a를 되찾을 수가 없습니다.

메시지 a → 공개 키(N, k) → a^k mod N → 암호 b

자, 그럼 동대문 은행은 b라는 암호를 어떻게 풀까요? 해커도 못 푸는 암호라면 은행도 풀기 어렵지 않을까요? 제가 지난 시간에 간단히만 설명했는데요, 여러분이 제게 보낸 암호를 푸는 과정에서 소인수 분해를 이용하여 원래의 비밀번호를 찾았다고 했어요. 지금부터는 이에 대해 좀 더 자세히 이야기하겠습니다.

저는 소인수 분해에 오일러 정리를 적용해서 여러분의 비밀번호를 알아냈습니다. 오일러 정리가 뭐였죠?

"$a^{(p-1)(q-1)}=1 \bmod N$이요."

$N=pq$라는 소인수 분해를 알면, $(p-1)(q-1)$을 계산할 수 있잖아요? 이때 p와 q 각각은 모르고 N만 알아서는 $(p-1)(q-1)$을 계산할 수 없어요.

$$(p-1)(q-1)=pq-p-q+1$$

식을 보니 N만 알아서는 pq는 해결해도 $-p-q+1$을 계산할 수 없겠죠? 그러니까 소인수 자체는 모르고 모듈러스 N만 알아서는 암호를 풀 수가 없습니다.

이제 k에 대해서 생각해 볼게요. 공개 키를 만들 때 지수 k 값을 세심하게 정해야 한다고 했던 것을 기억하나요? 여기서 나머지 연산이 하나 더 들어가요. k를 정할 때 다음과 같은 나머지 연산을 미리 계산해 둡니다.

$$\frac{1}{k} \bmod (p-1)(q-1)$$

암호화 과정의 핵심은 N으로 나머지 연산을 하는 것인데, 여기에 사용되는 공개 키를 정하는 과정에서 $(p-1)(q-1)$로 나머지 연산을 해야 합니다. 이 나머지 연산을 계산하기 위해 $\frac{1}{k}$을 먼저 살펴보겠습니다. $\frac{1}{k}$ **꼴의 나머지 연산이 가능하려면 k와 모듈러스 $(p-1)(q-1)$이 서로소여야 한다**고 했던 것을 기억하죠?

예를 들어 $N=15$일 때 pq는 어떻게 될까요?

"3×5요."

그러면 $(p-1)(q-1)$은 2×4=8이 되겠네요. 이때 $k=3$이라고 하면 모듈러스 8과 서로소입니다.

$$\frac{1}{3} \bmod 8$$

이 나머지 연산을 하면 몇이 나오죠?

"3이요."

네, 잘 기억하고 있네요. $\frac{1}{c}=d \bmod N$이라는 나머지 연산은 결국 $cd=1 \bmod N$을 만족하는 d를 찾는 문제입니다.

$$\frac{1}{c}=d \bmod N$$

$$cd=1 \bmod N$$

원래 우리가 풀어야 하는 문제 $\frac{1}{k}$ mod $(p-1)(q-1)$로 돌아오겠습니다. 이 나머지 연산의 결과를 e라고 부를게요. 그렇다면 $ke=1$ mod $(p-1)(q-1)$이 됩니다. ke를 $(p-1)(q-1)$로 나눈 몫을 r이라고 하면, $ke=(p-1)(q-1)r+1$이라는 사실을 알 수 있겠죠.

$$ke=(p-1)(q-1)r+1$$

그러니까 처음에 은행에서 공개 키 암호를 만들 때 암호를 푸는 식인 b^e mod N까지 생각해서 지수 k와 더불어 e도 계산해 놓는 거예요. e는 은행에서 공개하지 않는 데다가 다른 사람들도 알 수가 없습니다. p와 q를 모르니까요. 그래서 최종적으로 정리하면 p, q, e는 발표하지 않고 k와 N만 공개하는 거예요.

메시지 a를 a^k mod N이라는 나머지 연산을 거쳐서 암호 b로 만듭니다. 은행은 암호 b를 받은 뒤 b^e mod N을 계산합니다. 그러면 어떤 일이 일어나는지 확인해 볼게요.

결과적으로 $a^k=b$ mod N이므로 $b^e=a^{ke}$ mod N이 됩니다. 그런데 위에서 $ke=(p-1)(q-1)r+1$이라고 했죠? 이를 지수에 대입하면 $a^{(p-1)(q-1)r+1}$과 같이 식을 전개할 수 있습니다. 그리고 이것을 좀 더 정리하면 $\{a^{(p-1)(q-1)}\}^r \times a$로 만들 수 있습니다. 어라? 익숙한 식이 나왔네요? $a^{(p-1)(q-1)}$을 보니 뭔가 떠오르지 않나요?

"오일러 정리요."

"p, q가 소수일 때 $a^{(p-1)(q-1)}=1$ mod N이었어요."

그렇죠. 그럼 $1^r \times a$ mod N이니까 결국 $b^e=a$ mod N이 되겠네요. 이런 이유로 e를 알고 있는 은행에서는 암호 b로부터 원래의 메시지 a를 쉽게 알아낼 수 있답니다.

$$b^e = a^{ke} \bmod N$$

$$= a^{(p-1)(q-1)r+1} \bmod N$$

$$= a^{(p-1)(q-1)r} \times a \bmod N$$

$$= \{a^{(p-1)(q-1)}\}^r \times a \bmod N$$

$$= a \bmod N$$

여기서 주의해야 할 점이 두 가지가 있습니다. 먼저 $a^{(p-1)(q-1)}=1$ mod N이 되려면 p, q가 a와 서로소여야 하잖아요? 그래서 서로소가 되도록 조정이 필요할 수도 있지만, 별로 걱정할 필요는 없어요. p, q가 굉장히 큰 소수이기 때문에 a가 어떤 수든 p나 q로 나눠질 가능성은 0에 가까워요. 그러므로 이때 오일러 정리는 대부분 성립한다고 생각하면 됩니다.

또 한 가지 주의할 점입니다. 마지막에 나온 $a \bmod N$은 엄밀히 따지면 'a를 N으로 나눈 나머지'인데, 그 나머지가 a의 정보를 잃지 않으려면 한 가지 조건이 필요합니다. 무엇일까요? 예를 들어 모듈러스 N=143이고 a=200이라면, 200=57 mod 143입니다.

"아, a가 너무 큰 수면 안 돼요!"

그렇죠! 더 정확하게 말하면, $a<N$일 때 $a=a \bmod N$이 됩니다. 처음에 N을 크게 잡아야 하는 이유가 여기에도 있습니다. 우리가 숨기려는 모든 메시지는 N보다 작은 수여야 하죠. 그런데 N이 앞에서 본 600 자릿수 정도면 별문제가 없습니다. 여러분의 비밀번호는 꽤 작은 수죠? 그래도 N을 크게 잡으면 문제가 없어요. 예를 들어 비밀번호가 10 자릿수 a라고 해요. 그러면 600 자릿수인 N은 a보다 훨씬 크잖아요? 따라서 $a=a \bmod N$이 되겠죠.

여기에서 작은 문제가 있기는 해요. a^k이 N보다 훨씬 커야만 $b=a^k \bmod N$에서 a의 정보를 되찾기가 어렵겠죠? 그럼 어떻게 해야 할까요?

"k를 60보다 더 크게 잡으면 돼요."

네, 그렇게 하면 600 자릿수 이상이 될 테니까 N보다 커집니다. 따라서 $b=a^k \bmod N$을 안전한 암호로 쓸 수 있습니다.

지금까지 공개 키 암호의 원리를 알아봤습니다.

동대문 마술 극장의
새로운 마술사들

제가 지난 수업에서 비밀번호를 어떻게 맞혔는지 그 방법을 이제 여러분도 잘 알 거예요. 그럼 우리 다 같이 보람 학생의 암호를 풀어 볼까요?

"훗, 쉽지 않을걸요. 다들 제 비밀번호를 맞혀 보세요."

- 모듈러스 N: 1364749
- 지수 k: 3
- 보람의 암호 b: 840562

N=1364749, k=3이라는 공개 키를 써서 840562라는 암호를

만들었네요. 원래의 비밀번호를 찾기 위해 은행은 어떻게 한다고 했죠?

"b^e을 나머지 연산 해요."

공개 키 암호를 해독하는 방법:

$$b^e \bmod N \to a$$

맞습니다. 지금 우리는 b와 N을 알고 있으니 e만 구하면 되겠네요. e는 어떻게 구했죠?

"$\frac{1}{k} \bmod (p-1)(q-1)$이라는 나머지 연산을 해야 해요."

"$N=1364749=1049\times1301$이니까 $\frac{1}{3} \bmod 1048\times1300 = \frac{1}{3} \bmod 1362400$이고…… 이것을 나머지 연산 계산기로 계산하면 $e=908267$이 나와요."

P Modulo calculator

Expression
1/3

Modulus
1362400

Result
908267

잘하고 있네요. 이제 마무리 계산만 잘하면 되겠어요!

"나머지 연산 계산기로 840562^{908267} mod 1364749를 계산해 볼게요. 음…… 나왔다! 비밀번호는 940912예요."

"우아, 정답! 제 비밀번호는 940912가 맞아요!"

하하하. 이제 다들 훌륭하네요.

양자 컴퓨터가 진짜로 생기면 무슨 일이 벌어질까요?

세상의 모든 비밀번호를 다 해킹당할지도 몰라요

: 양자 컴퓨터로 공개 키 암호를 풀 수 있다는 사실이 최근 화제예요. 양자 컴퓨터로 계산하면 모듈러스 N이 아무리 크더라도 소인수 분해를 할 수 있을 거라고 해요.

: 앗, 그럼 큰일 아닌가요?

: 양자 컴퓨터는 양자 역학을 활용하여 계산을 수행하는 컴퓨터인데, 슈퍼 컴퓨터의 한계를 뛰어넘을 미래형 컴퓨터로 큰 기대를 받고 있어요. 요즘 가장 인기 있는 분야 중 하나로, 굉장히 많은 사람이 연구하고 있죠.

: 와, 저도 공부해 보고 싶어요!

: 실제로 양자 컴퓨터가 발명되면 어떤 일이 일어날까요?

: 해커들이 세상의 모든 비밀번호를 다 풀어 버릴지도 몰라요.

: 그렇죠. 그럼 정말 큰일이 나겠죠. 컴퓨터 시스템에 중요한 정보들을 잔뜩 저장하고 있는 오늘날의 사회에서 해킹을 당한다는 것은 원자 폭탄이 떨어지는 것만큼이나 위험한 일이거든요. 그래서 양자 컴퓨터가 실제로 발명되면 큰일이라고 걱정하는 사람도 꽤 많아요.

: 그럼 아직은 양자 컴퓨터가 없는 거예요?

 : 네, 아직 발명하지 못했어요. 아주 작은 컴퓨터가 있기는 하지만, 정식으로 양자 컴퓨터라고 부를 만큼 성능이 좋지는 못해요. 진짜 양자 컴퓨터를 개발하는 것이 중요한 연구 과제인데, 아직까지는 엄청나게 큰 수를 소인수 분해할 만한 성능의 컴퓨터는 없는 것 같아요.

 : 휴, 다행이다.

양자 컴퓨터 개발에 찬성 vs 반대

 : 진짜 양자 컴퓨터를 개발하면 큰 수들을 상당히 빨리 소인수 분해할 수 있어요. 그러면 미국이나 영국 같은 국가들의 정보국들은 난리가 날 거예요. 그들에게 이런 미션이 주어지겠죠. '양자 컴퓨터로도 깰 수 없는 공개 키 암호를 개발하라!' 실제로 이미 여러 연구 센터에 주어진 지시 사항이기도 해요.

 : 그럼 양자 컴퓨터 개발을 금지하면 되잖아요?

 : 한편에서는 양자 컴퓨터가 개발되면 큰일이라는데 다른 한편에서는 과학자들이 열심히 연구하고 있는 게 참 이상하죠? 과학을 연구하는 사람들은 보통 이렇게 생각해요. 엄청나게 나쁜 일을 일으킬 수 있는 기술에는 그만큼 인류를 진보시킬 가능성도 있다고 말이에요. "큰 악을 일으킬 수 있는 기술은 큰 선을 일으킬 수도 있다."

: 음, 어려운 문제 같아요.

 : 결국 우리 인간이 과학을 어떻게 쓰는지에 달렸겠네요.

 : 그렇죠! 그래서 양자 컴퓨터로도 깰 수 없는 암호를 개발하는 일도 중요한 과제이고, 양자 컴퓨터를 제대로 만드는 일도 중요한 연구입니다. 아마도 아인이와 주안이가 어른이 될 때쯤이면 두 분야 모두에 상당한 진전이 있을 거예요.

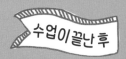

에필로그

안녕!
동대문 수학 클럽

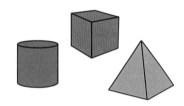

사람의 병을 고칠 때도 수학이 필요해요

: 이렇게 해서 모든 수업이 끝났어요.

: 아쉬워요.

: 시간이 너무 빨리 지나갔어요.

: 저도 그렇네요. 주안이는 어떻게 그렇게 공부를 좋아하게 됐어요?

: 공부를 좋아한다기보다는 이루고 싶은 꿈이 있어서 열심히 하는 것 같아요.

: 그래요? 주안이의 꿈은 뭐예요?

: 의사가 되고 싶어요. 예전부터 사람들을 돕는 일을 하고 싶었는데, 최근에 어떤 TV 프로그램에서 흉부외과 의사 선생님들의 이야기를 보고 너무 멋있어서 저도 의사가 되고 싶어졌어요.

: 그렇군요. 의학 연구에도 관심이 있어요?

: 네.

: 주안이는 수학과 과학을 좋아하니까 의학 연구도 잘 맞을 것 같아요. 최근 굉장히 연구가 활발한 학문 중에 수리 의학(Mathematical Physiology)이라는 분야가 있어요. 몸에 관한 수학적인 모델을 만들 수 있다는 것이 이 분야의 기본 아이디어입니다.

: 처음 들어 보는 분야예요.

: 저도 처음 들어요. 첨단 의학 같은 건가요?

: 그렇죠. 요즘에는 의학 분야에서도 컴퓨터를 사용하는 일이 중요하잖아요? 수많은 의학 정보를 컴퓨터로 처리해야 하니까요. 그래서 의학 분야에서도 수학적인 방법론이 중요해요. 인체 자체를 수학적으로 모델링 하기도 하고요. 그러니까 수리 의학에도 관심을 가지고 계속 지켜보다 보면 재미있게 공부할 수 있는 영역이 앞으로 더 많이 생길 거예요.

한 예로, 이탈리아의 응용 수학자 알피오 콰르테로니(Alfio Quarteroni)는 심장의 수학적 모델을 만들고 있어요. 굉장히 자세한 모델이어서, 5초 동안의 심장 활동을 컴퓨터로 시뮬레이션하는 데 지금 기술로는 48시간이라는 계산 시간이 필요하다고 합니다.

'수학의 눈'으로 살펴보는 명화의 조건

: 아인이는 그림 그리기를 좋아한다고 했죠? 혹시 미술 작품도 자주 보러 가나요?

: 네, 미술 전시회에 자주 다녀요.

: 그래요? 미술의 역사에 대해서 살펴본 적도 있나요?

: 예전에 책에서 읽어 본 것 같기는 해요.

: 미술을 좋아하니까 미술사에 대해서 좀 더 알아보면 재미있을 거예요. '인류 역사의 오랜 세월 동안 미술 작품들이 어떤 식으로 바뀌어 왔는가?', '거기에는 어떤 아이디어들이 작용했는가?' 이런 질문들을 할 수 있겠죠.

: 그런데 좋은 미술 작품이 무엇인지는 늘 어려운 문제인 것

같아요. 가끔 어떤 작품이 훌륭하다는데 대체 뭐가 좋은 걸까 싶을 때도 있어요.

: 보통 굉장히 사실적으로 그린 그림들을 뛰어난 미술 작품이라고 하죠. 그런데 그렇지 않은 작품 중에도 뛰어난 작품이 많잖아요? 예를 들어 피카소의 그림은 상당히 추상적이죠. 추상화 중에는 무엇을 그린 것인지조차 모르겠는 작품도 많고요. 그런데 뛰어난 미술 작품이 무엇인지에 대해 상당히 수학적인 시각에서 접근할 수도 있답니다.

: 수학적이라면, 몬드리안의 작품같이 비율이 딱딱 잘 맞는 그림을 말씀하시는 건가요?

: 다비드상 같은 작품들도 비율이 잘 맞아요.

: 아주 흥미로운 사례 두 가지를 이야기했네요. 미켈란젤로의 다비드상은 굉장히 정교한 인체 비율을 수학적으로 잘 보여 주는 작품이죠. 아마 작가가 조각상을 만들면서 비율에 대한 고민을 꽤 많이 한 것 같아요. 그 당시 사람들이 이상적으로 생각한 인체의 비율을 알 수 있는 작품이기도 해요. 반면에 몬드리안 같은 20세기 미술, 그중에서도 추상화는 또 다른 관점에서 수학적이에요. 우리가 보고 있는 물체의 본질을 수학적으로 표현했다고 할 수 있죠. 수학이 보는 세상

이나 몬드리안이 보는 세상의 모습이 우리의 일반적인 시각과 다르게 굉장히 추상적이라는 공통점을 띠는 것은 결코 우연이 아닙니다.

: 우아, 그렇게도 볼 수 있군요.

: 르네상스 시대 사람들이나 20세기 사람들 모두 그들의 수학적인 시각을 예술 작품을 통해 많이 표현한 것 같아요. 제가 이런 이야기를 꺼낸 이유는, 수학적인 눈을 가지고 우리 주변을 들여다보면 우리 삶과 수학의 연결점이 굉장히 많다는 사실을 여러분에게 전하고 싶었기 때문이에요. 그래서 앞으로도 수학에 대한 관심을 계속 가져 달라는 말을 하고 싶어요. 하하하.

수학, 좋아하나요?

: 그럼 마지막으로 여러분을 처음 만났을 때 던졌던 질문을 다시 해 볼게요.

: 아!

: 여러분은 수학을 좋아하나요? 제가 앞에 있어서 대답하기

가 곤란한 것은 아닌지 모르겠습니다만. 하하하.

: 하하하.

: 주안이는 어때요?

: 어…… 진짜 좋아졌습니다!

: 에이~

: 정말이에요, 진짜!

: 저도 이 수업을 듣고 나서 수학이 생각보다 제 주변에서 훨씬 더 많이 쓰이고 있다는 것을 알고 놀랐어요. 빨대 구멍 같은 이야기도 재미있었고요. 교수님의 수업을 들으면서 수학이 좋아졌어요.

: 다행이네요. 마지막으로 여러분에게 한 가지 바람이 있다면, 모두 계속해서 수학을 좋아할 수 있으면 좋겠어요. 다음에는 수업 말고 그냥 재미있는 이야기 나누러 또 만나요.

: 그동안 감사했습니다, 교수님!

어서 오세요, 이야기 수학 클럽에
숨겨진 수학 세포가 톡톡 깨어나는 특별한 수학 시간

초판 1쇄 2022년 8월 29일
초판 8쇄 2022년 12월 5일

지은이 | 김민형

발행인 | 문태진
본부장 | 서금선
책임편집 | 이보람 편집 2팀 | 임은선 원지연
수업 참여 | 정아인 정주안 이보람
디자인 | 형태와내용사이 그림 | 선유 조판 | 홍영사 교정 | 윤홍 녹취 | 최혜윤

기획편집팀 | 한성수 임선아 허문선 최지인 이준환 송현경 이은지 유진영 장서원
마케팅팀 | 김동준 이재성 문무현 김윤희 김혜민 김은지 이선호 조용환
디자인팀 | 김현철 손성규   저작권팀 | 정선주
경영지원팀 | 노강희 윤현성 정헌준 조샘 조희연 김기현 이하늘
강연팀 | 장진항 조은빛 강유정 고한송 신유리 김수연

펴낸곳 | ㈜인플루엔셜
출판신고 | 2012년 5월 18일 제300-2012-1043호
주소 | (06619) 서울특별시 서초구 서초대로 398 BnK디지털타워 11층
전화 | 02)720-1034(기획편집) 02)720-1024(마케팅) 02)720-1042(강연섭외)
팩스 | 02)720-1043   전자우편 | books@influential.co.kr
홈페이지 | www.influential.co.kr

ⓒ 김민형, 2022

ISBN   979-11-6834-055-8 (43410)